破茧
石库门里的红色故事

曹天风 沈清 主编

上海市中共党史学会
上海红色影像与数字传播专业委员会 编

人民日报出版社
北京

图书在版编目（CIP）数据

破茧：石库门里的红色故事 / 曹天风，沈清主编；上海市中共党史学会，上海红色影像与数字传播专业委员会编. -- 北京：人民日报出版社，2025.4
ISBN 978-7-5115-6982-0

Ⅰ.①破… Ⅱ.①曹…②沈…③上…④上… Ⅲ.①本册②中国共产党－党史－上海 Ⅳ.① TS951.5 ② D235.51

中国版本图书馆 CIP 数据核字（2021）第 054974 号

书　　名：	破茧：石库门里的红色故事
	POJIAN：SHIKUMEN LIDE HONGSE GUSHI
作　　者：	曹天风　沈　清
	上海市中共党史学会　上海红色影像与数字传播专业委员会
出 版 人：	刘华新
责任编辑：	贾若莹　张炜煜
特约编辑：	郭星秀　张琳悦
装帧设计：	元泰书装
出版发行：	人民日报出版社
社　　址：	北京金台西路 2 号
邮政编码：	100733
发行热线：	（010）65369509　65369512　65363531　65363528
邮购热线：	（010）65369530　65363527
编辑热线：	（010）65369514
网　　址：	www.peopledailypress.com
经　　销：	新华书店
印　　刷：	北京盛通印刷股份有限公司
法律顾问：	北京科宇律师事务所 010-83622312
开　　本：	710mm×1000mm　1/16
字　　数：	135 千字
印　　张：	13.25
版次印次：	2025 年 4 月第 1 版　2025 年 4 月第 1 次印刷
书　　号：	ISBN 978-7-5115-6982-0
定　　价：	58.00 元

如有印装质量问题，请与本社调换，电话：（010）65369463

编 委 会

总 顾 问：章百家　忻　平　张　云　戴敦邦

主　　编：曹天风　沈　清

编委会主任：高福进　丁晓强　徐光寿

编委会副主任：俞　敏　李　华

编委会执行主任：游昀之

编委会执行副主任：宋柏红　钟丞宸

编委会（按姓氏笔画为序）：

王　芳　王佩军　毛建伟　包虹庆　叶坚华　伊　华　张　珺

宋宇皓　杨育新　洪永发　赵正桥　赵贵臣　施泳峰　俞杭祺

秦　佳　顾博凯　袁锡海　崔钊越　曹跟林　程一鸣　傅志皓

董旖旎　路　平　谯　鹏　潘　翼　戴红倩　戴红傑

序

  石库门建筑是近代上海发展史上堪称亮丽的浓墨重彩之笔，也是上海独特的城市景观。穿梭在上海街头巷尾的里弄，诸多的石库门背后，承载着岁月流转的历史功能。

  作为重要的亲历者，石库门记载着20世纪20年代前后，致力于民族独立与社会进步的革命先驱们的奋斗足迹：老渔阳里2号是中国共产党的初心孕育之地，开启了中国革命艰苦卓绝的伟大征程；树德里则亲历了那场亘古未有的开天辟地大事变；毛泽东一家居住的甲秀里，共产党人坚持真理、坚守理想的战斗经历和光辉业绩跨越时空；陈云和李伟基夫妇在肇庆里不怕牺牲与敌人英勇斗争，如同出鞘的红色之剑；在暗夜星火中，恒吉里刻写了一批又一批革命先驱们的忠诚与奉献……这些星罗棋布、熠熠生辉的红色石库门，记载着中国共产党在内忧外患中诞生，破茧向阳，也淬炼了坚持真理、坚守理想，践行初心、担当使命，不怕牺牲、英勇斗争，对党忠诚、不负人民的伟大建党精神，成为中国共产党人精神谱系的源头活水。

石库门还见证了一百多年来中国共产党从这里诞生，从这里出征，从这里走向全国执政，领导中国人民进行革命、建设和改革开放筚路蓝缕的奋斗历程。"从石库门到天安门，从兴业路到复兴路"，石库门以无可辩驳的事实证明：中国共产党"所付出的一切努力、进行的一切斗争、作出的一切牺牲，都是为了人民幸福和民族复兴"。石库门在上海演绎的生动而鲜活的革命故事，在上海留下的珍贵的红色印记，也早已融入了上海这座城市的血脉，铸造了上海城市文明的红色之魂。

融媒体绘本《破茧：石库门里的红色故事》以时代新人铸魂工程为指引，充分挖掘上海独具优势的特殊石库门地标，采用"融媒体＋彩绘填色"的新形式，通过文字、海派经典国画、时尚国潮彩绘以及视频等，多角度展示上海红色地标石库门故事。这是运用"多媒体＋互联网＋新互动"出版书籍的一种新尝试，是结合时代新人认知特点讲好上海石库门故事、开展党史学习教育的有益探索。

"明天的中国，希望寄予青年。青年兴则国家兴，中国发展要靠广大青年挺膺担当。年轻充满朝气，青春孕育希望。广大青年要厚植家国情怀、涵养进取品格，以奋斗姿态激扬青春，不负时代，不负华年。"让石库门这道绚丽之"红",以全新的融媒体互动阅读方式走向明天,走近时代新人,助推中国青年踔厉奋发、勇毅前行,就是这部出版物所承担的时代使命。

是为序。

上海市中共党史学会名誉会长　张云

2024 年 11 月 20 日

前　言

"从石库门到天安门，从兴业路到复兴路，我们党近百年来所付出的一切努力、进行的一切斗争、作出的一切牺牲，都是为了人民幸福和民族复兴。"习近平总书记提醒全党，"一切向前走，都不能忘记走过的路；走得再远、走到再光辉的未来，也不能忘记走过的过去，不能忘记为什么出发。"

上海是中国共产党的诞生地，中国共产党成立后，党中央机关曾长期驻扎上海，留下了丰富的红色资源。全市目前保存完好的革命遗址有440处，党的一大、二大会址和四大遗址等，在中国革命历史上具有重要地位，已成为上海最重要的红色地标。青砖黛瓦的石库门建筑见证了中国共产党的建党图景，也见证了早期革命者忠于信仰、不屈不挠的奋斗精神。

前 言

继英国和美国之后，法国于1849年4月6日在上海设立了法租界。整个法租界是旧上海相对独立的住宅区，其建筑整齐划一保持了法国的建筑风格，与万里之外的巴黎几乎一致。

随着法租界人口迁居的增加，该地居住房屋供不应求，一批有商业头脑的英国商人便乘机在法租界中区建造大批成本低廉的木板房出租给华人居住。这些木板房一般采用联排式整体布局，并以某某"里"为其名称，这是后来上海里弄石库门住宅的雏形。"里""弄"是上海街坊的鲜明特色。当法租界以各种借口强行一次又一次辟路扩张后，街道两旁盖房建屋也逐渐兴起，出现了具有不同特色的石库门建筑。

石库门住宅均为独门独户。每个建筑都筑起很高的围墙，这不仅有助于形成一个封闭的空间，还进一步加强了建筑的安全性。此外，无论是旧式石库门还是新式石库门，均设有前后两个大门，这有利于住户在紧急情况下逃离。早期革命者正是利用了石库门这些独特优势，冒着生命危险在这里开展建党活动。中共一大召开期间，法租界巡捕闯入会场之后，一大代表迅速撤离，但他们并没有按照往常的做法从后门撤离，而是从前门走出，四散离去，以防有人盯梢，这也证明了石库门建筑的两门结构在突发事件中的作用。

由于法租界人口流动比较频繁，石库门里弄建筑四通八达，区内居住的居民成分复杂，利于长期隐蔽，所以早期革命者往往把秘密据点设在中区的石库门住宅里面。三益里、成裕里、渔阳里、延庆里、树德里等都是比较典型的里弄，这些里弄都与周边的马路相通，一旦发生不测，撤离非常方便。

从石库门走来的百年大党正意气风发、风华正茂，正以彻底的自我革命精神推动党的建设新的伟大工程向纵深发展，带领亿万人民砥砺前行，不断凝聚起引领中华民族迈向伟大复兴的磅礴力量。

目　录

001 | 石库门里的红色故事

003 | 共产主义的细胞——三益里

013 | 中国共产党的初心孕育之地——老渔阳里2号

022 | 永恒的灯塔——成裕里

031 | 中国共青团的起点——新渔阳里6号

040 | 新生的力量——泰康里

049 | 赤色沪西，工人是天——锦绣里

058 | 伟大的开端——树德里

067 | 群英汇博文——延庆里

076 | 寓所里的指路明灯——辅德里

085 | 隐蔽的革命心脏——三曾里

| 094 | 毛泽东一家的上海岁月——甲秀里

| 103 | 顶天立地,力量之源——广吉里

| 112 | 弄堂里的革命大学堂——师寿坊

| 121 | 革命的熔炉——冠华里

| 130 | 出鞘的红色之剑——肇庆里

| 139 | 白色恐怖下的红色中枢——"福兴"商号

| 148 | 军史丰碑地——经远里

| 157 | 红色电波从这里起步——福康里

| 166 | 暗夜星火中的忠诚与奉献——恒吉里

| 175 | 用生命守护党的"一号机密"——合兴坊

| 185 | **上海红色经典步道**

| 187 | 上海红色经典步道(黄浦段)

| 191 | 上海红色经典步道(静安段)

| 195 | **后记**

石库门里的**红色故事**

共产主义的细胞
——三益里

曾坐落于上海法租界白尔路的三益里（今自忠路163弄），原为三户王姓人家出资建造，取"三人得益"之意，故得名"三益里"。在20世纪20年代前后，围绕着《民国日报》与《星期评论》两大进步报刊，一批先进知识分子聚集在此，前赴后继地奋斗在革命的文化战线，留下了他们为唤起民族觉醒而奋斗的身影。

其中，《民国日报》是由中华革命党总务部长陈其美在上海创办的进步期刊，后为国民党中央机关报。《民国日报》曾报道过十月革命和五四运动，1919年又开辟《觉悟》副刊，积极宣传新思想、新文化，支持五四运动，一时名声大振。

▶ 三益里（星期评论编辑部旧址）

而更为人熟知的《星期评论》则是由戴季陶、沈玄庐等于1919年6月8日在上海公共租界爱多亚路（今延安东路）新民里5号所创办的进步期刊。说到《星期评论》的创刊，不得不追溯到1919年的五四运动。当时，正在上海的孙中山以及追随他的国民党人都被北京发起的学生运动深深震撼，他们从学生和工商界的联合运动中看到了民众群体所蕴含的巨大力量，认为这些都是受了新思想影响而产生的变化。所以孙中山在第一次护法运动失败后，意识到了思想革命的势力高过一切，下定决心要将"表示吾党根本之主张于全国，使国民有普遍之觉悟"作为当前形势下的主要任务，于是他指派戴季陶等人创办了以"创造和改造世界"为宗旨的时事理论性刊物《星期评论》。

1920年2月，星期评论编辑部迁至三益里17号一栋三楼三底宽敞的旧式石库门建筑中。此后，《星期评论》便以独立的精神和批判的态度，不断吸引着有志青年们在三益里发出时代的思想新声，提倡着新文化，宣传着社会主义，激励着工人运动。

当时，在星期评论编辑部里聚集着戴季陶、沈玄庐、李汉俊等思想比较激进的一批知识分子。创刊人之一戴季陶很早就开始关注国际社会主义运动和工人运动问题，他在辛亥革命前夕就试图从社会主义思想中寻求批判封建专制的思想武器，寻求一种既能实行西方资产阶级民主，又能避免资本主义弊端的美好社会。他由日文转译考茨基早期名著《马克思资本论解说》即《马克思主义经济学说》，从1919年11月开始，分6次发表在《建设》杂志上。戴季陶还试图运用马克思主义的经济学说分析中国现实，发表了《从经济上观察中国的乱原》《我的日本观》《革命！何故？为何？》等长篇论文，用经济上的原因来说明中国及与中国密切相关的日本的社会现象与政治问题。而另一位星期评论编辑部的核心人物李汉俊，在日本留学时就开始学习并研究马克思主义。他在日留学的后期正值日本社会激烈动荡的大正时期，随着社会主义风起云涌，社会主义在日本得到了迅速传播。当时，李汉俊结识了堺利彦、高津正道和宫崎滔天等日本社会主义者以及其他进步人士，尤其与日本著名的马克思主义经济学家河上肇交往甚密，结下了师生之谊。最终，李汉俊放弃了挚爱的数学，转为研究马克思主义，并成为中国早期的马克思主义探索者。由于他们鲜明的政治倾向，使得《星期评论》言论对马克思主义和社会主义的正面宣传逐步增加。

由于《星期评论》着力宣传社会主义思想，使其在社会上的影响，特别是对先进知识分子的影响也日渐扩大。在李汉俊的努力下，《星期评论》的销量由最初的1000份发展到十几万份，声名与陈独秀、李大钊创办的《每周评论》相当，被誉为"舆论界中最亮的两颗明星"，是五四运动时期的进步刊物。当时许多进步团体都把《星期评论》列为青少年必读的刊物之一，引导许多人后来走向革命的道路。

而星期评论社也是早期具有共产主义思想的知识分子活动基地，吸引了一大批具有初步共产主义思想的知识分子在此聚集，如李汉俊、沈玄庐、陈望道、俞秀松、施存统等，他们经常在一起学习和研究马克思主义理论，探讨中国革命的出路问题。

1920年3月底，北京工读互助团在社会实践中宣告失败，参加该团体的青年学生俞秀松和施存统离开北京来到上海，他们俩接受了陈独秀、沈玄庐、戴季陶的意见，留在上海星期评论社参加编辑工作。为了总结北京工读互助团失败的原因，戴季陶在3月21日出版的《星期评论》第42号，发表了《我对于工读互助团的考察》一文，使俞秀松和施存统等人对如何开展工人运动有了正确的认识。

星期评论编辑部也非常关心工人的劳动问题和工人运动，时常介绍世界和中国的劳工运动，积极宣传、激励工人运动，及时报道国内外工人悲惨境遇和斗争情况，反映中国工人的生活、劳动、工资、工时和罢工斗争，介绍欧美、日本的劳工运动。《星期评论》以《俄罗斯劳农政府给我们中国人民的通告》为标题，刊登了《俄罗斯苏维埃联邦社会主义共和国对中国人民和中国南北政府的宣言》，还先后刊登了戴季陶《劳动问题的新趋向》《上海的同盟罢工》，李汉俊《浑朴的社会主义者底特别的劳动运动意见》《最近上海的罢工风潮》等重要文章。1920年元旦，《星期评论》发表新年词《红色的新年》，文中说从北极下来的新潮"拥着无数的锤儿锄儿，直要锤匀了锄光了世间的不平不公"，并期望"一霎时遍地都红"。同年5月1日，五一国际劳动节之际，《星期评论》出版"劳动日纪念"专号，全部刊载宣传马克思主义和研究工人运动的文章。头条是李大钊的《"五一"（May Day）运动史》，还有陈望道的《妇女劳动问题底一瞥》、沈仲九的《香港机器工的同盟罢工》、施存统的《"工读互助团"底实验和教训》、李汉俊译的《五一》、戴季陶的《文化运动与劳动运动》《关于劳动问题的杂感》等文。

除了对中国革命态势的时评，星期评论编辑部还发表了多篇有关宣传马克思主义理论和介绍马克思生平事迹的文章。其中有《主义的研究与宣传》《主义的研究与禁止》《唯物史观的解释》《马克思传》《马克思逸话一节》《强盗阶级底成立》等。

星期评论编辑部深感尽快把马克思主义经典著作完整地译成中文"已是社会之急需，时代之召唤"，急切希望开展马克思和恩格斯合著的《共产党宣言》的中文全译本的翻译工作，先进行连载，继而再设法出版单行本。这时，邵力子马上想到一个叫陈望道的年轻学者，不仅思想进步，而且精通日文和英文，具有一定的马克思主义学识。于是，1919年底，经邵力子介绍，星期评论编辑部约请陈望道翻译《共产党宣言》。

陈望道主要依据日文转译，并参照英文版译出，后又用俄文本校对。日文版由戴季陶提供，英文版是陈独秀从北京大学图书馆借来的。为了秘密从事这项重要的翻译工作，陈望道特意回到了浙江义乌老家。在分水塘村老宅的柴房里，陈望道凭借一盏油灯、一块铺板、两条长凳以及老母亲送来的三餐，夜以继日、孜孜不倦地努力工作。那时，他的生活条件十分艰苦，又是寒冬连早春，天气非常冷，加之翻译所需的参考资料匮乏，他付出的精力要比平时译书多数倍。1920年5月中旬，陈望道带着翻译完毕的《共产党宣言》，应邀到上海担任星期评论社编辑。

在陈望道携带译稿赶赴上海后，不料当局对星期评论社实施邮检，导致该刊停办，使得在该刊连载《共产党宣言》的计划无法实现。于是，陈望道找到自己的学生俞秀松，托他将译稿转交给陈独秀。陈独秀、李汉俊将译稿校阅一遍后决定出版单行本，但在筹措出版经费上遇到了困难。这时，恰好共产国际代表维经斯基和翻译杨明斋来到上海，陈独秀在和他们讨论时提及此事，维经斯基当即表示愿意资助出版，使得《共产党宣言》中文首译版得以面世。

因为《星期评论》影响很大，它也成了外国社会主义者、同情中国革命的国际友人与中国具有初步共产主义思想的知识分子的联络点。

1920年4月，共产国际代表维经斯基等人来上海时，由陈独秀出面邀请陈望道、戴季陶、沈玄庐、李汉俊、邵力子、沈雁冰，以及陈公培、俞秀松、施存统、刘大白、沈仲九、丁宝林等人，多次在三益里的星期评论编辑部和老渔阳里2号陈独秀寓所举行座谈会，讨论社会主义思潮和中国革命问题。

1920年5月，陈独秀在上海建立马克思主义研究会，还邀请邵力子、陈望道、李汉俊、戴季陶、沈玄庐、俞秀松、沈仲九、刘大白等人参加，共同学习和研究马克思主义的理论，酝酿建党问题。

1920年6月6日，迫于紧张的局势，《星期评论》出版至第五十三期后被迫停办。由于星期评论社与中共的创建有着密切关系，中共早期领导人多次高度评价了该社的地位。瞿秋白曾说《星期评论》是"共产党的细胞"，李立三也曾回忆说当时最占势力的进步期刊社分别是新青年社和星期评论社。

如今的星期评论社编辑部原址已经拆除，建立起了高楼大厦。为庆祝中国共产党成立100周年，加强上海红色资源传承保护，按照颁布的《上海市红色资源传承弘扬和保护利用条例》，市委宣传部、市委党史研究室、市文化和旅游局会同相关区，在重要革命遗址旧址设置纪念标识。2021年6月3日，在星期评论社编辑部遗址竖立起大理石纪念碑，在这个遗址中发生的党史故事也以黄铜二维码形式贴在纪念碑上，从而讲述更多红色资源里的故事、故事里的细节、细节里的精神。

▶ 星期评论编辑部遗址纪念碑

涂一涂

中国共产党的初心孕育之地
——老渔阳里2号

1920年8月22日上海公共租界工部局的《警务日报》在"中国情报"一栏中，出现了长达36行的情报秘闻，透露出一个重要信息：租界警方已密切关注一名中国籍的男子在上海的行踪动向，并详细了解他在北京的"过激"行为。这个男子是谁？他的行踪为什么会被租界警方密切关注？

租界警方密切关注的人就是当时思想界的明星、五四运动的总司令陈独秀。1920年春节前夕，为躲避军阀追捕的陈独秀，在李大钊护送下离开北京，辗转来到上海。初到上海的陈独秀，居无定所，处境十分艰难。在惠中旅舍暂住了几天后，由于疾病缠身，被

老渔阳里 2 号
（中国共产党发起组成立地、新青年编辑部旧址）

好友汪孟邹接到亚东图书馆养病暂住。这时，正准备离沪的柏文蔚听闻陈独秀的处境后，便将自己的住所给陈独秀一家居住。1920年4月，陈独秀搬到了环龙路老渔阳里2号的柏公馆。

老渔阳里是当年上海法租界的一条石库门弄堂，2号是一幢砖木结构一正一厢两层旧式石库门里弄住宅，坐北朝南。进大门有一个大天井，中间是客堂，陈设沙发4只、椅子数把，壁间挂大理石嵌屏4幅。客堂后还有一个小天井，再后是灶间，有后门通向弄堂。客堂的左边是前、后、中3个厢房。楼上，前面是统厢房，即陈独秀的卧室兼书房，室内陈设有写字台、转椅、大钢床、皮沙发、茶几、缝衣机等。厢房的隔壁是客堂楼，后有晒台，建筑面积约140平方米，一家人住甚是宽敞。

这里不仅是陈独秀的住所，也是新青年编辑部的所在地。在这座石库门里，留下了陈独秀为创建中国共产党而奋斗的一段时光。这一年陈独秀41岁，吸引了一批富有理想的年轻人，李汉俊、陈望道、俞秀松等一批对社会主义和马克思主义感兴趣的文化人物纷至沓来。前来拜访的青年越来越多，他被迫在客厅挂上小黑板，上面写着会客谈话以十五分钟为限。

1920年春，俄共（布）远东局海参崴分局外国处代表维经斯基来到上海，与陈独秀会面后，多次在此处召集先进知识分子开座谈会，帮助当时的马克思主义者了解苏维埃俄国和俄国共产党的情况。同样是在这里，陈独秀与维经斯基商讨建立中国共产党，发起声势浩大的五一劳动节集会，创立上海机器工会，讨论决定建立社会主义青年团和外国语学社，组织翻译出版《共产党宣言》中文全译本，还与李汉俊、俞秀松、施存统、陈公培等人开会商议，决定成立共产党组织，并起草党的纲领。

1920年4月，陈独秀在出席上海船务栈房工界联合会成立大会上，发表了《劳动者底觉悟》的演讲，称赞"做工的人最有用最贵重"。为了纪念五一劳动节，《新青年》第7卷第6号专门出版了《劳动节纪念号》专刊，有孙中山、蔡元培的题字，同时刊载了李大钊的《"五一"运动史》、陈独秀的《上海厚生纱厂湖南女工问题》等文章，并全文刊登苏俄第一次对华宣言，成为宣传工人、启发工人的好教材。

1920年6月，陈独秀、李汉俊、俞秀松、施存统和陈公培在这里成立了中国共产党上海发起组，并以此为办公地点，这是中国第一个共产党组织，积极地推动了马克思主义同中国工人运动的结合。

1920年8月，上海共产党发起组创办《劳动界》，在"发刊词"中阐明该刊的宗旨，"教我们中国工人晓得他们应该晓得他们的事情"。该刊以朴素的语言，深入浅出地向工人说明劳动创造世界、创造价值、工人阶级的历史使命，被工人称誉为自己的"喉舌"和"明星"。《劳动界》的出版发行深受工人欢迎，还影响到其他城市，各地效仿上海，也相继创办了工人刊物。1920年11月7日，发起组创办《共产党》月刊，这是上海共产党早期组织的内部理论刊物，李达担任主编。

1920年11月，上海机器工会在白克路207号（今凤阳路186号）上海公学召开成立大会。孙中山、陈独秀等到会发表演说，这是全国第一个由共产党组织领导的工会团体。中国工人在先进知识分子的宣传启发下，由自在阶级向自为阶级转变，工人阶级的觉悟觉醒成为中国共产党成立的坚实阶级基础。

在中国共产党创建过程中，陈独秀起着重要作用。老渔阳里2号这座房子，不仅是陈独秀的住所，也是中共一大的筹备处和一大期间的"秘书处"。1921年，望志路上开天辟地的革命烈火，离不开老渔阳里的火种。这里是马克思主义的传播中心，各地共产主义者进行建党活动的联络中心，也是中国红色之路的起点。

1921年6月，上海的中国共产党发起组以老渔阳里2号为联络处，李达、李汉俊出面进行中共一大的具体筹备，确定会议地点和日程，致函各地共产党早期组织委派代表到上海参加会议，起草并刻印有关文件。1921年7月23日，中国共产党第一次全国代表大会在望志路106号（今兴业路76号）召开。会议期间，老渔阳里2号和博文女校都是与会代表们讨论问题、处理会务的场所。7月30日，中共一大会议因租界密探袭扰而中断。当夜，李达、毛泽东、包惠僧等部分代表还是回到老渔阳里2号，商议继续会议的办法，最终决定转移到嘉兴南湖召开。

1920年5月至7月，27岁的毛泽东来到上海。毛泽东在上海的这段时间，曾多次到老渔阳里2号拜访陈独秀，两人讨论了马克思主义和湖南改造等问题，这是毛泽东的思想发生重大转变的时期，是令他记忆深刻的会面。多年以后，毛泽东在陕北窑洞里向美国记者斯诺回忆："我第二次到上海去的时候，曾经和陈独秀讨论我读过的马克思主义书籍。陈独秀谈他自己信仰的那些话，在我一生中可能是关键性的那个时期,对我产生了深刻的印象。""到了1920年夏天,在理论上,而且在某种程度的行动上,我已成为一个马克思主义者了,而且从此我也认为自己是一个马克思主义者了。"

在陈独秀赴广州任广东教育委员会委员长期间,中共发起组负责人李汉俊、李达都曾在这里办公或居住。中共发起组成员陈望道也在楼下厢房住过,帮助编辑《新青年》。1921年8月底,陈独秀由广州回到上海主持中央局工作,中央局机关就设在这里,"当时决定宣传工作,仍以《新青年》为公开宣传刊物,由陈自己主持"。

陈独秀、张国焘、李达三人经常在此开会,研究党的工作。李达编辑《共产党》月刊,作为秘密宣传刊物;张国焘主持劳动组合书记部的工作。正如悬挂在陈独秀故居内的一块铭牌所写的:"中国共产党第一次全国代表大会决定成立中央工作部,领导当时党的日常工作,1921—1923年,中国共产党中央工作部在这里办公。毛泽东同志也曾一度在这里工作。"因此,老渔阳里2号实为中共创建初期的决策中心和党中央首脑机关所在地。

渔阳里的各项活动开启了中国革命筚路蓝缕、艰苦卓绝的伟大征程,也书写了中国共产党人精神谱系的起始篇章。老渔阳里2号作为中国共产党孕育初心的"秘密摇篮",在中国共产党创建史上具有重要而独特的地位,创立了中国革命史上的诸多"第一",也表明建党工作的原创性和艰难曲折。

新中国成立后,为迎接建党30周年,中央指示,对建党初期的历史遗迹进行寻访调查。中共上海市委非常重视中央的部署,从

1950年9月开始,市委宣传部负责调查和寻访中共一大会址及有关建党初期史迹,上海市文化局社会文化事业管理处处长沈之瑜和宣传部干部杨重光等人具体落实此项工作。根据几个月缜密细致的查证,至1951年4月,核实了南昌路铭德里2号(原老渔阳里2号)是新青年编辑部旧址、中共成立后的中央工作部旧址,是中国共产党成立以后的第一个"总部"。

1959年5月及1980年8月,此处旧址两次被公布为上海市文物保护单位。2018年6月,中国共产党发起组成立地(新青年编辑部)旧址保护利用工作正式启动,经房屋置换、腾退原住居民后,遵循修旧如旧原则开展修缮施工。为了更好还原旧址所在区域的建筑历史风貌,改善周边居民生活环境,在旧址修缮的同时,对周边居民房屋实施了整体维修。2020年7月,完成布展对外开放。2021年3月11日,入选上海市第一批革命文物名录。2021年6月25日上午,黄浦区首条红色经典步道正式开启,中国共产党发起组成立地(新青年编辑部)旧址是红色经典步道14处景点之一,成为生动诠释党史和城市发展史红色荣光的一个重要载体。

老渔阳里 2 号（中国共产党发起组成立地、新青年编辑部旧址）

涂一涂

永恒的灯塔
——成裕里

在上海市黄浦区梧桐成荫的复兴中路 221 弄 12 号，有一幢不起眼的旧式石库门里弄住宅，单开间三层建筑，坐北朝南，砖木结构。东西端各设有厢房，顶层有晒台，底层有天井，外墙清水青砖镶嵌红砖带饰，立砖门楣、窗梁，花岗岩条石门框，黑漆木门。它就是又新印刷所旧址，《共产党宣言》第一个中文全译本在这里印刷出版。

又新印刷所的原址位于辣斐德路成裕里 12 号（今复兴中路 221 弄，拆迁改造）。成裕里建于 1920 年，在 1914 年法租界西扩时，这一带被划入法租界，是法国天主教会的产业。成裕里西临贝

成裕里(《共产党宣言》中译本印刷地旧址)

勒路（今黄陂南路），与中共一大会址仅隔了一条西门路（今自忠路），离博文女校也不算远。

1920年3月，从日本留学归来的陈望道收到了《民国日报》邵力子的来信，应上海《星期评论》主编戴季陶的邀请翻译《共产党宣言》，并拿到李大钊从北大图书馆借来的英文版《共产党宣言》和戴季陶提供的日文版的《共产党宣言》。4月底，陈望道从杭州回到故里义乌，在浙江义乌分水塘村自家简陋的柴房中，他搬来两条长板凳，上面横放着一块铺板当作书桌，在泥地上铺上几捆稻草当作凳子。入夜后，他点上一盏油灯，借着昏暗的灯光，埋头翻译。他根据《共产党宣言》日译本、英译本，并借助《日汉辞典》和《英汉辞典》，完成了《共产党宣言》首部中文全译本的翻译，这部具有重要意义的马克思主义纲领性文献终于来到了巨变中的中国。

1920年4月下旬，陈望道带着翻译完毕的《共产党宣言》，应邀到上海担任星期评论社编辑，同时委托俞秀松，把《共产党宣言》译稿连同日文版、英文版，送到陈独秀家里，请陈独秀和李汉俊再次校阅。1920年6月6日，《星期评论》因发表了许多激进文章引起当局注意被迫停刊，《共产党宣言》连载和出版成了问题。《共产党宣言》对马克思主义在中国的传播至关重要，为了出版这本书，经陈独秀与共产国际代表维经斯基商议，由维经斯基提供出版经费，在辣斐德路（今复兴中路）成裕里租下一间房子，建立一个有力的战斗的小印刷所，开辟宣传阵地，以上海社会主义研究社的名义出版《共产党宣言》。

这个小型印刷厂被取名为"又新印刷所"，出自《大学》："苟日新，日日新，又日新。"印刷所由郑佩刚负责，郑佩刚是陈独秀组织的"社会主义者同盟"成员，参加过《劳动界》的编辑工作。社会主义者同盟是属于统一战线的组织，当时凡进行社会主义宣传的人，不论什么派别都可自愿参加。《新青年》第八卷第一号还刊出一则又新印刷所的广告，占三分之二的版面，做了一个由字模和印刷所名称组成的条框，框内有下列文字：君有书报要托人印刷么？请速到"又新印刷所"去！取价公道；印刷精美；出货快捷。他的地址是：上海西门太平桥成裕里第七号。

郑佩刚在印刷所内安置了一台旧印刷机，并将熟悉印刷技术的妻子从广州请来，又招聘了几位熟练技工，又新印刷所承印的第一本书，正是陈望道翻译的《共产党宣言》中文全译本。当时又新印刷所印刷的刊物，既有陈独秀主编的《共产党》《新青年》，又有无政府主义者景梅九主编的《自由》等。

1920年8月，《共产党宣言》初版印刷1000册，很快售罄。这本书红色封面，上面有马克思半身坐像，封面最上端印着"社会主义研究小丛书第一种"，"马格斯、安格尔斯合著"（马格斯即马克思，安格尔斯即恩格斯），封面标题"共党产宣言"。

许多想购买该书的读者纷纷向上海《民国日报》写信，询问到哪里才能买到这本书。沈玄庐还特意在《民国日报》《觉悟》副刊，发表《答人问〈共产党宣言〉底发行》一文，在该文中进一步宣传道："这本书底内容，《新青年》、《国民》（北京大学出版）、《晨报》都零零碎碎译出过几章或几节的。凡研究《资本论》这个学说系统的人，不能不看《共产党宣言》，所以望道先生费了平常译书的五倍工夫，把彼全文译了出来，经陈独秀、李汉俊两先生校对。可惜还有些错误的地方，好在初版已经快完了，再版的时候，我很希望陈望道先生亲自校勘一道！"

由于是新开办的印刷厂，又新印刷所在校对方面欠缺经验，且印刷工作是秘密进行的，印刷时产生疏漏，封面标题"产"和"党"的位置颠倒了。9月再版时，及时地改正了这个错误，封面改成蓝色，印制1000册，依然销售一空。这本红色经典的历史价值，不言而喻，随着岁月流逝，《共产党宣言》初版本存世仅数册，错印的书名已然成为辨别一本《共产党宣言》中译本是不是初版的一个显著标志。

在又新印刷所校印《共产党宣言》期间，毛泽东曾来找过陈独秀，他先找到辣斐德路，又按墙上写的地址找到了成裕里12号。印刷厂不大，也没几个工人，门楣上挂着一块牌子，上书"又新印刷所"。陈独秀见到他非常高兴，问他见过马克思、恩格斯的《共产党宣言》没有，毛泽东说见过零散的章节，还是几个月之前在北京那座破喇嘛庙里看的，很觉新鲜，但因难窥全豹，所以也没有特别的感觉。陈独秀手指印刷机，说他特地来校印的东西便是《共产党宣言》。

毛泽东很奇怪，一直没有见到这本书有中文译本，却在这里发现了。陈独秀告诉他，这本全世界共产主义者的"圣经"，一翻开就是锤子与镰刀的乒乓之响，就是浓浓的火药味。有了中文全译本，在上海也找不到一家印刷厂敢印，是一个叫维经斯基的苏俄客人给了钱，办了个印刷厂，自己来印。所以这本《共产党宣言》也是这家新开张的印刷厂制作的第一本书。陈独秀还将正在校对《共产宣言》的陈望道介绍给了毛泽东："这就是我们的大翻译家陈望道。"那是毛泽东和陈望道第一次见面。

借着《共产党宣言》的火爆销售，中国共产党发起组还以社会主义研究社的名义，出版了李汉俊翻译的介绍马克思经济学说的小册子《马克思资本论入门》，该书被列为"社会主义小丛书"第二种。陈独秀著的《政治主义谈》等一批革命书籍相继印刷，启蒙了一大批热血青年，为马克思主义在中国大地上的广泛传播作出贡献。

共产国际给予上海发起组的资助，主要是在印刷与开展宣传活动方面，先是赞助宣传费用，后通过又新印刷所给予承印帮助。1920年8月17日，维经斯基致俄共（布）西伯利亚局东方民族处的信中指出："这个星期，8月22日我们的出版处就要用中文出版《劳动界》。拟作为月刊出版，印两千份，每份一分钱。由我们自己的印刷厂承印。"在上海，除了中共上海发起组外，与之并行的还有一个朝鲜革命委员会。印刷厂是共享的。

1920年9月1日，东亚书记处临时委员会主席威廉斯基·西比利亚科夫在就1919年9月至1920年8月在国外东亚民族中的工作给共产国际执行委员会的报告中，提到了又新印刷所：东亚书记处的情报活动重要基地与出版事业相同。采用的办法是，利用供中、日、朝报纸使用的公开的电讯社和印刷所。我们建立的有：在上海——一个书局，符拉迪沃斯托克——一个中国书局协进会，北京——一个书局，哈尔滨——北满情报局。这个书局即辣斐德路成裕里12号的又新印刷所。

1921年2月，印刷所因承印《新青年》《正报》等刊物被迫关闭。又新印刷所曾在很长一段时间里湮没在岁月中，仅仅是老城厢石库门里弄成裕里寻常人家的住所而已。作为早期马克思主义的传播阵地，又新印刷所旧址被保留至今，于2007年12月被卢湾区文化局公布为不可移动文物，现为黄浦区文物保护点。2020年起，为深入推进上海"党的诞生地"发掘宣传工程专项行动，由上海市黄浦区委宣传部牵头，启动了又新印刷所旧址的修缮保护工作。同年10月15日，又新印刷所旧址建筑平移工作完成。2021年4月底，修缮施工完成，旧址修旧如旧，还原了历史原貌。

2021年6月，又新印刷所旧址正式向公众开放，6月25日，"永恒的灯塔"——早期马克思主义传播阵地又新印刷所旧址史迹陈列对公众开放。旧址内陈列了一部20世纪20年代手扳式印刷机（复制品），展出了100本不同语种、不同年代版本的《共产党宣言》真品。参观者可通过智能屏互动、原文摹写、音频收听、多语种朗读等，多维度感受《共产党宣言》所阐述的相关理论。

2021年6月25日上午，黄浦区首条红色经典步道正式开启，又新印刷所旧址是红色经典步道14处景点之一，成为生动诠释党史和城市发展史红色荣光的一个重要载体。

▶ 成裕里（《共产党宣言》中译本印刷地旧址）

涂一涂

中国共青团的起点
——新渔阳里6号

上海市淮海中路567弄6号，也被称为新渔阳里6号，是中国社会主义青年团中央机关旧址所在地，这里也是中共第一所干部学校外国语学社的校舍。当你走进这座建筑参观时，也许能看到一位老人，他或在展柜前仔细观看，或给前来参观的游客讲解。他叫俞敏，是俞秀松烈士之子，他一直关注着新渔阳里6号，关注青少年党史、团史教育工作，也一直从事着相关历史的研究工作。他经常去各个学校、单位、社区进行党史宣讲，这成为他的日常。

新渔阳里6号建成于1918年，是一幢二楼二底的典型石库门房子。房子原是李汉俊从日本回来后租下居住，后来李汉俊迁往三

▶ 新渔阳里6号（中国社会主义青年团中央机关旧址）

益里与哥哥同住，房子便由戴季陶承租。维经斯基访问了戴季陶之后，觉得这位国民党党员的家中更适合召开一些座谈会。戴季陶搬走后，杨明斋出面续租。五四运动时期，大量进步青年纷纷来到新青年社、星期评论社寻求陈独秀、李汉俊等人的指点和帮助。在这种情况下，为团结进步青年，进一步发展党组织，俞秀松接受陈独秀委托，发起组织了上海社会主义青年团。

经过俞秀松的积极筹备，1920年8月22日，上海社会主义青年团在法租界霞飞路新渔阳里6号正式成立。发起者共有八人，即俞秀松、施存统、沈玄庐、陈望道、李汉俊、金家凤、袁振英、叶天底。俞秀松任书记，俞秀松、施存统、金家凤、袁振英、叶天底主持团务。

上海社会主义青年团建立后，俞秀松主持制定了团的章程，开始在先进青年中发展团员。为了帮助团员提高政治觉悟和学习马克思主义，上海社会主义青年团每周开一次政治报告会。报告的内容多半由党组织规定，常由俞秀松作政治报告，邵力子、沈玄庐、陈望道等人也经常作演讲。

与中共上海发起组一样，上海社会主义青年团成立后，向全国各地共产主义者寄发团章和信件，要求各地进行建团工作。在上海团组织的带动下，北京、长沙、广州、武汉、天津等地先后建立了社会主义青年团组织。在各地建团的过程中，上海团组织实际起了发起和指导的作用。早期团的组织机构，就设在新渔阳里6号内。

1921年3月，中国社会主义青年团临时中央委员会在新渔阳里6号成立，俞秀松担任临时团中央书记。社会主义青年团的成立和工作，为中国共产党的建立作了思想上和组织上的重要准备。青年团在党的领导下，组织罢工和其他政治活动。青年共产国际东方部书记格林曾肯定上海社会主义青年团是"中国青年团中最好的一个"。

上海社会主义青年团成立后，陈独秀等人均感觉缺乏有力且专业的革命干部。为了便于团结、培养进步青年，并且为输送青年赴俄学习作准备，1920年9月28日，外国语学社成立，以公开办学的形式掩护革命活动。社址就设在霞飞路新渔阳里6号，门口挂起了魏碑体书写、白底黑字醒目的"外国语学社"招牌。维经斯基的翻译杨明斋任外国语学社社长，俞秀松任外国语学社秘书。同时，这里还是维经斯基指导和资助下的中俄通讯社所在地。维经斯基等到上海，是以俄国《生活报》记者身份开展活动的。中俄通讯社的成立，旨在促进中俄邦交和两国人民的了解，为宣传马克思主义、介绍苏俄社会主义革命和建设的状况和经验作出了极大贡献。

1920年9月28日，外国语学社在《民国日报》上刊登了外国语学社的招生广告："本社拟分设英、法、德、俄、日本语各班"，"文法读本由华人教授，读音会话由外国人教授"，"选习一班者月纳学费二元"。外国语学社虽然在报上登了招生广告，但大多数学生都是经人介绍进来的，如任弼时、萧劲光、任作民等学生都是经毛泽东介绍从长沙来这里学习的。学生多时五六十人，大都是来自浙江、湖南、安徽、江西、河南、四川等地的进步青年。其中有刘少奇、萧劲光、任弼时、罗亦农、汪寿华、谢文锦、王一飞、梁柏台、李启汉、陈为人、任作民、傅大庆、蒋光慈、韦素园、曹靖华、周伯棣等。

在新渔阳里6号，朝西的亭子间是杨明斋的卧室兼中俄通讯社办公室，朝东的亭子间为俞秀松的卧室，客堂为办公室。当时楼上是宿舍，楼上厢房、客堂也有铺位，有的睡棕绷床，有的睡板床，也有的睡地铺。楼下厢房是教室，杨明斋与维经斯基夫人库兹涅佐娃教俄文，李汉俊教法文，李达教日文，袁振英教英文。1921年学员增多，楼下客堂也做了教室。

后来库兹涅佐娃要回国，杨明斋也要赴俄开会，陈独秀便与老友、同盟会会员王维祺联系，邀请在哈尔滨中东铁路公司女子商务学校毕业的王维祺女儿王元龄来学社任教。1921年初，王元龄来学社教俄文。学生少时二三十人，多时五六十人，有的在外国语学社住，有的在外面住。半天来校上课，半天回去自修。他们过着艰苦的生活，每月生活费只有5元左右。

外国语学社的学生一边学习理论、外语，一边参加革命实践。有的参加党办的工人半日学校做小先生，有的为《劳动界》周刊写文章或搞发行，有的到中俄通讯社当校对，有时还会参加散发革命传单，声援工人罢工斗争，参加"马克思诞生纪念会"、庆祝"五一"节游行等活动。1921年4月前后，社会主义青年团从这批学生中挑选了二十多名青年团员，先后分批去苏俄学习。新渔阳里6号"外国语学社"是党的第一所干部学校，为中国人民的革命事业造就了一批出色的人才。

从1920年至1921年，新渔阳里6号成为中国共产党建党时期上海党团组织的重要活动地点之一，在中国现代史上具有极其重要的历史价值。1920年10月中国工人阶级的第一个产业工会——上海机器工会筹备会议，以及1921年国际劳动节的筹备会议等也在此召开。

1920年10月3日，上海机器工会在外国语学社开发起会，各厂工人积极分子七八十人到会，由筹备会书记李中主持，陈独秀、杨明斋先后讲话。11月21日，该会在上海公学开成立大会时，近千人出席，陈独秀与孙中山到会演说，此时会员有370多人。1921年3月，发起组在外国语学社庆祝"三八"国际妇女节，陈独秀夫人高君曼到会演说。4月，上海筹备"五一"国际劳动节的会议多次在此进行，引起巡捕房密探和《警务日报》的注意。

1958年11月1日，阔别新渔阳里6号整整38年的刘少奇，又一次来到了当年学习战斗的地方，与当年的同学柯庆施一同回忆外国语学社的场景，一同追忆曾经在这里学习的生涯。他仔细地察看着房内陈设和周围墙壁，一再询问和了解这座革命旧址修复的情况。走进东厢房的客堂时，他走到房中陈设的一张不到一尺宽的黑色长书桌后边坐下来，深情地追忆起当年的往事。他无限深情地说："有些同志已经牺牲了啊！"他缅怀革命先烈，久久地端详着周围的宝贵历史文物……

外国语学社学员曹靖华，90岁高龄时还念念不忘渔阳里，向来医院探望他的老友张羽说，"想起了莫斯科，就会想起乌苏里、满洲里，更加要想起渔阳里"，"渔阳里开辟了一代人的道路"，"渔阳里的历史和人物，是一部丰富生动的教材"。

1957年，新渔阳里6号经修缮后恢复原状布置，由上海革命历史纪念馆筹备处保护管理。刘少奇、萧劲光、柯庆施、许之桢等均亲临勘实。1959年5月26日，新渔阳里6号被公布为上海市文物保护单位。1961年3月4日，国务院将新渔阳里6号正式命名为"中国社会主义青年团中央机关旧址"，并被公布为第一批全国重点文物保护单位。1973年4月，旧址移交上海市文物管理委员会管理。1987年，市文管会对旧址进行整修，并根据萧劲光等回忆将教室布置在楼下客堂。1989年5月4日正式对外开放。

2001年，为纪念中国共青团成立80周年，充分发挥团中央机关旧址的教育功能，中共上海市委和共青团中央决定对新渔阳里进行全面整修扩建，并成立旧址纪念馆。2004年，中国社会主义青年团中央机关旧址纪念馆建成，正式对外开放。2018年，作为"党的诞生地发掘宣传工程"革命遗址修缮项目之一，团中央机关旧址纪念馆整体改造项目启动，全新的纪念馆在2019年5月开馆。2021年6月25日上午，黄浦区首条红色经典步道正式开启，中国社会主义青年团中央机关旧址纪念馆是红色经典步道14处景点之一，成为生动诠释党史和城市发展史红色荣光的一个重要载体。

新渔阳里6号（中国社会主义青年团中央机关旧址）

涂一涂

新生的力量
——泰康里

在毗邻中共一大纪念馆的太平湖绿地，有一座高约 2 米、宽约 3 米的纪念雕塑。六位工人形象的人物或坐或站，其中坐着的一位工人拿着书本，边上放着长衫，寓意着党的早期组织中的先进知识分子脱下长衫到工人中去，向广大工人宣传马克思主义，与觉悟的工人在一起。该雕塑由上海大学美术学院设计制作，上海市总工会、中共黄浦区委、黄浦区人民政府、上海市机电工会共同建设。

这个雕塑是为了纪念党的早期组织领导下的第一个工会组织"上海机器工会"，上海机器工会翻开了中国工人运动新的历史篇章。整个雕塑象征着在马克思主义的指引下，在中国共产党的领导

泰康里(上海机器工会事务所临时会所旧址)

下，中国工人阶级作为"新生的力量"走上了历史舞台。为何在这里设置雕塑？这是因为上海机器工会事务所临时会所原址西门路泰康里41号（今自忠路225号，已拆）就在这附近。

上海机器工会是由陈独秀和工人李中、陈文焕发起筹备的。李中，原名李声澥，是海军造船所（后改称江南造船厂）工人。他毕业于湖南省立第一师范学校，与蔡和森、毛泽东是同学。在完成学业后，李中先是在本校附小执教。没过多久，他跟随数学老师李孝仪离开湖南老家，前往素有十里洋场之称的上海滩闯荡，来到上海后进入一家古玩店工作。

当时的上海是国内进步思想汇聚的中心，特别是1920年陈独秀落脚上海后，将新青年编辑部也迁回上海。当时，不少有志爱国青年都曾阅读过陈独秀主编的《新青年》。李中经常阅读《新青年》，作为《新青年》的热心读者，他为陈独秀的才识思想所折服。他多方打听到陈独秀在上海的寓所并前去拜访，与陈独秀建立了联系，常去请教。

陈独秀听闻他的来意后，对他的经历颇为赏识，赠送给他一些新出版的《新青年》以及宣传马克思主义的书刊，并启发他在工厂里面宣传进步思想，领导开展工人运动。在陈独秀的指引下，李中接受了更多的革命思想，成为一名热心工人运动的知识分子。1920年8月初，他辞去古玩店的工职，将李声澥改为李中。由一介书生化身为工人运动的先锋，进入海军造船所做锻工，他一面做工，一面通过同乡工友联络其他工人，宣传俄国十月革命传来的新思想。

1920年8月，上海社会主义青年团在新渔阳里6号成立，李中作为第一批成员加入了团组织。同月,中国共产党上海发起组创办了工人周刊《劳动界》,李中积极为刊物组稿、撰稿。同年9月26日,他以"海军造船所工人李中"的署名,在《劳动界》第七期发表了《一个工人的宣言》,阐述了"要产生工人的中国,首先要工人联络","成为一个大团体",深入浅出地宣传马克思主义关于"全世界无产者联合起来"的观点。

不久后,李中受陈独秀的委托,在海军造船所筹建中国共产党领导的第一个产业工人工会——上海机器工会。他与陈独秀共同起草了一个《机器工会章程》,共6章32条,这是中国历史上第一个工会章程。李中把《机器工会章程》抄送给杨树浦电灯厂(今杨树浦发电厂)的钳工陈文焕,陈文焕得悉由工人自己组织工会的设想后,积极支持。他按照章程的要求,在电灯厂开展工会的筹建活动。李中和陈文焕都是《劳动界》的热心读者和积极的投稿者,在共同的思想基础上建立了友谊和联系。

李中通俗地向工人进行马克思主义的宣传教育,揭露资本家对工人阶级的残酷剥削,声援工人阶级为自身解放而斗争,号召并帮助上海机器工人筹建代表自身利益的上海机器工会。

经过积极筹划,1920年10月3日,李中等人在新渔阳里6号外国语学社召开了工会的发起会。到会的除了海军造船所、杨树浦电灯厂、厚生纱厂、东洋纱厂、恒丰纱厂等的80名发起人之外,陈独秀、杨明斋、李汉俊、李启汉、王平、吴溶沧6人以参观者的身份出席了会议,并被推举为名誉会员。发起会议由筹备会书记李中担任临时主席,他在会上报告了机器工会发起会的筹备经过,并提出工会的宗旨："无非谋本会会员的利益，除本会会员的痛苦。但要办到此宗旨，甚不容易。大端第一莫使本会逐渐变了资本家的工会，第二莫使本会逐渐变了同乡工会，第三莫使本会逐渐变了政客和流氓的工会，第四莫使本会逐渐变了不纯粹的机器工会，第五莫使本会逐渐变了挂空牌的工会。这五种工会，都可损失信仰和名誉，妨碍将来的工人组合。"

陈独秀、杨明斋分别发表了热情洋溢的演说，赞扬机器工人为工界开了一个好头。陈独秀说："发起上海机器工会，算得是一个很好的事。""希望到了来年今日，就有几千人或者几万人的会员。"

会议讨论通过了修改的《上海机器工会简章》，在这一章程中，明确了上海机器工会的目的，规定了为达到其目的所准备开展的事业。在章程中还规定了该会的组织机构和会员的权利义务。同时选举产生机器工会理事会。会议决定在杨树浦西门路泰康里41号设立办事机构——事务所，李中、陈文焕、李杰、吕树仁、陆征章为事务所办事员，李中主持工会日常事务。如本会会员报告及询问等件，可向该处接洽。

上海工部局1920年10月26日的《警务报告》称："机器工会最近由一湖南学生名李中者组成，临时会址在西门路泰康里41号，据说已有100多人参加了这个组织。"泰康里41号机器工会事务所，是一幢坐南朝北砖木结构的两层沿街住宅，在这里先后召开了机器工会理事会和上海各业工会代表团第二次筹备会议。

经过两个多月的积极筹备，11月21日下午，上海机器工会借白克路207号（今凤阳路186号）上海公学召开成立大会。会员、各工会代表和来宾近千人参加大会，孙中山、陈独秀等社会著名人士专程到会祝贺，会场气氛热烈，盛况空前。李中担任成立大会主席，简要报告了机器工会成立经过，接着到会工人热情欢迎孙中山、陈独秀讲话。上海机器工会从发起到正式成立历经两个多月，会员从几十人迅速发展到370人，并出版了刊物《机器工人》，成为当时上海有影响的工会之一。

上海机器工会通过与市内外各界工人代表的聚会、通信联系等活动，加强了工人阶级之间的团结，扩大了党在工人中的宣传和组织工作。1920年12月2日下午6时，上海机器工会理事会诚邀上海的工界领袖，在复兴公园举行聚餐会。理事长陈文焕在会上报告了工会的筹建情况和宗旨。同时，李中请来聚餐的各厂领袖为机器工会名誉会员并获赠证书。席间工界人士热情致辞，希望机器工会"蒸蒸日上"成为"工界明星"。

1921年4月21日，迎接"五一"国际劳动节到来之际，上海机器工人还专门给天津机器工人发了一封信。信中就机器工人今后如何向雇主积极图谋待遇的改善提出了具体意见，和天津机器工人一起交换意见和讨论，作为开创"同业联合的一个小小的纪念"。信中还希望天津机器工人也能和上海、北京一样联合起来，组织机器工会，指出"组织愈扩大，愈精密，劳力自然愈雄厚"。可以说，上海机器工会的建立，在社会各界中，特别在工人中引起了较大反响，使上海工人运动面貌为之一新。

上海机器工会的成立甚至引起了国外工会组织的关注，1920年12月14日，美国最大的工会组织——世界工人劳动联合会的执行部总干事罗布朗（Boy Brown）致信上海机器工会，写道："我们从在美国的中国工人朋友们中，听到你们竭力组织和教育你们国里的工人。我们因此希望你们成功，而且希望表示国际上的同情。"这是中国劳动界和外国工会组织的第一次联络，加强了工人阶级之间的团结。

机器工会成立后，正式会所迁至白尔路吉益里（今太仓路119弄），泰康里41号也完成了它的使命，如今的上海机器工会临时会所遗址已经是居民住宅。上海机器工会，是党领导的第一个工会组织，是根据中国共产党发起组提出的"组织真的工人团体"的原则建立的，它的成立是中国工人运动史上的一件大事。它标志着上海共产党早期组织在领导工人运动方面，由宣传教育阶段进入有计划地组织工人的阶段，在工人运动的历史上写下了光辉的一页。

2021年6月25日上午，黄浦区首条红色经典步道正式开启，上海机器工会纪念雕塑是红色经典步道14处景点之一，成为生动诠释党史和城市发展史红色荣光的一个重要载体。

▶ 上海机器工会纪念雕塑

涂一涂

赤色沪西，工人是天

——锦绣里

1920年秋，中国共产党发起组在上海建立后，为实践马克思主义必须和工人运动相结合的理论，对工人进行文化和马克思主义思想教育，发起组便选派李启汉去沪西小沙渡筹办工人学校，组织纺纱工会。

小沙渡地处上海西郊，因渡口得名，19世纪中叶还是荒僻之地。随着1895年中日《马关条约》的签订和1899年上海公共租界在该地越界筑路，许多日商尤其是内外棉系统的棉纺织企业前来投资建厂。到了20世纪20年代，上海近80万工人中有20余万是纺织工人，而全市58家纺织工厂中又有近20家设在沪西小沙渡一带。这

▶ 锦绣里（沪西工人半日学校旧址）

里有日资纱厂十几家，雇用中国工人 2 万多人，是日本资本家开办的纱厂最集中地区，也是上海纺纱工人最多的地方之一。在日资纱厂上班的工人工资低，工时长，还时常遭到日本监工的打骂欺压。

李启汉，湖南江华人，上海外国语学社社员，为最早的一批团员，后参加中国共产党发起组。他来到小沙渡后，租下了日资内外棉九厂三间两层砖木工房，将楼下的 3 间连成一大间作为教室，里面放置了黑板和二十来张没有油漆过的白木桌凳，还有一盏煤油灯，用于夜间上课照明。同时放有一台留声机，供学生学习使用。可以说，教学设备是非常简陋的。楼上一大一小两间，则作为办公室和教师的宿舍。大间两室连通，作为备用教室，小间放一张床和一个写字台，为李启汉的宿舍兼办公室。

在工人学校办学上，李启汉沿用了举办平民教育的经验，工人们可以免费到这里来读书，授课是根据工人三班倒的作息时间分为早晚两班上课，做夜班的工人每天上午 7 时至 9 时上课，做日班的工人每天晚上 7 时至 9 时上课。因为当时工人劳动时间相当长，有的工人提出每天做 12 小时的工，白天没有工夫读书，因此这样设置课程不妥。李启汉还和大家说：白天没有空就晚上来读，如果做夜班，就在下午读；只要大家愿意来。学校里可以多开几个班次。他常鼓励工人们要上进，自己尊重自己，不要因为社会上一般势利眼看不起工人，就灰心丧气，一定要人穷志不穷。

就这样，中国共产党早期组织创办的全国第一所工人学校——沪西工人半日学校，在小沙渡槟榔路北锦绣里 3 号（今普陀区安远路 62 弄 178—180 号）成功开办了起来，在工人阶级中传播马列思想，壮大党的力量。

在沪西工人半日学校里的课堂上是看不到讲台的，老师就和学生们坐在一起，大家往往先听一会儿留声机，一起聊天、喝茶、谈家常，然后老师再教工人识字，使用基督教青年会普通识字课本进行免费扫盲宣传，义务回答工人提出的问题。老师在教"工人"两字时，启发大家说："工"和"人"加起来是"天"，我们工人头顶青天，脚踩大地，世界上的财富都是工人创造的。工人穷，不是命运不好，而是创造的财富都被资本家吃了、喝了，装进腰包了。工人越来越穷，资本家越来越富，这是社会制度造成的。学生在学习中逐渐懂得了革命的道理。1921年8月，学校在给他们传授文化知识的同时，还经常传播马列主义思想，启发工人的政治觉悟。

上海外国语学社学员陈为人、雷晋笙、严信民等人先后来协助李启汉，他们选用《劳动界》等作为课本教材。陈为人为《劳动界》周刊写的稿件《我们底劳动力哪里去了》《今日劳工底责任》《劳工要有两种心》就是他在半日学校上课的内容，他在《我们底劳动力哪里去了》一文中说，"那般资本家，什么老爷们，少爷们，太太们，小姐们，一点没有劳动。他们偏偏有那丰富的衣食，高大的房子，美丽的器具使用"，而我们做工的人，"倒反不及那般坐吃的资本家有那样好的衣穿，好的食吃，好的房子住，好的器具使用；我们有时还连一碗糙米饭到没有吃"，"我们底劳动力，都被那般资本家强盗了去！那好的衣，好的食，都是我们用劳力去换来的，却被资本家劫去了"。

陈望道也常到半日学校讲课，把政治内容结合到教学中去，重点在于启发工人的阶级意识。陈望道的讲课内容也是他同一时期发表在《劳动界》的文章要点。他批判了社会的"真理"是"做的饿，逛的阔，忙的出力当下贱，闲的游荡作高尚"。"越不做工的，穿的衣服越好，吃的东西越讲究，住的房子越阔气。越不做工的，穿的衣服越一箱一箱地堆着烂，吃的东西越一碗一碗地有得倒，住的房子越一间一间地闲着做蜘蛛窠、蚊虫府。做工的做煞，还是个得不到他们闲着抛了的一点剩余。"而工人们却是"今天做，今天才有饭吃；明天闲，明天就没有粥喝……每天做十四五点钟工，日里忙煞，夜间倦煞，就使有家庭，也没有家庭的乐趣"。

因为缺乏经验，事前没有做好宣传动员工作，尽管学校设在工人区，但报名上学的工人却寥寥无几。工人做工太劳累，加上生活困苦，连吃饭都成问题，所以读书兴趣不大。学生最多时来过近百人，不久，就渐渐减少。加上是义务教学，不收分文，经费困难，到12月初天气寒冷，更少有人来读书，只好提前放假。

李启汉并没有因此气馁。为了便于和工人交谈，他积极地改进活动方法，他下苦功学会了上海话，并设法打入青帮组织，利用帮会关系结交工人。体察到工人做工时间长，工余来读书十分疲劳，他决定适当开展文娱活动，以便吸引更多工人来上学。中国共产党上海发起组同意李启汉把工人半日学校暂时改为上海工人游艺会。

1920年12月19日下午，工人游艺会借白克路207号上海公学召开成立大会，有200余人到会。李启汉担任大会主席，介绍游艺会宗旨及活动方针。他说："从前只是各人苦着，饿着，我们想要免去这些困苦，就要大家高高兴兴的联合起来，讨论办法。"他强调工人不仅要得到一些娱乐，对于"什么金钱万能，劳工无能，我们都要改革，打破"！中国共产党上海发起组成员杨明斋、沈玄庐等也以来宾身份到会并发表讲演。杨明斋鼓励工人"输入知识"，"活泼精神，强健精神"。沈玄庐强调劳工组织团体的重要性，指出"工人是替世界上谋幸福的人……这样神圣不可侵犯的工人，竟被资本家压迫了！真是可恼！我们此时应当要去抵抗他，我们此时就应要有团体"。

工人游艺会寓教于乐的策略产生了作用。1921年春，"工人半日学校"重新开学，前来报名上学的工人增加了不少，入学者计有200多人。李启汉和工人在一起，了解大家的生活情况和读书学习的想法，鼓励大家要尊重自己，力求进步，不要因为社会上一般势利眼看不起工人，就灰心丧气，一定要人穷志不穷。

在此基础上，李启汉进一步帮助工人组织沪西纺织工会，并推举孙良惠为负责人。孙良惠是日商同兴纱厂的工人。他听过李启汉的课，在李启汉的帮助下，他懂得了工人受穷的根源，积极参加变革现实的斗争，走上了革命道路。后来入了团，又参加了中国共产党，当选为中华全国总工会的执行委员，在1925年的罢工高潮中发挥了很大作用。

1921年7月，党的一大在上海召开，做出的第一个决议就是开展工人运动，明确将此作为党的首要任务。同年8月，中国共产党领导的中国劳动组合书记部成立以后，就把沪西工人半日学校扩大为上海第一工人补习学校。

该校受到帝国主义者的仇视，1921年秋被公共租界巡捕房查封。

1922年7月18日，学校被迫停办。但它培养了一批工人运动的骨干，为沪西纺织工会和沪西工人俱乐部的成立打下了基础。其中的不少人后来参加了中国共产党，在1925年的"二月大罢工"和五卅运动中发挥了积极作用。

1989年9月，沪西工人半日学校旧址被公布为普陀区第一批革命纪念地。为庆祝中国共产党成立100周年，加强上海红色资源传承保护，按照颁布的《上海市红色资源传承弘扬和保护利用条例》，市委宣传部、市委党史研究室、市文化和旅游局会同相关区，在重要革命遗址旧址设置纪念标识。2021年6月3日，在普陀区沪西工人半日学校遗址竖立起大理石质纪念碑，在这遗址中发生的党史故事也以黄铜二维码形式贴在纪念碑上，讲述更多红色资源里的故事、故事里的细节、细节里的精神。

▶ 锦绣里（沪西工人半日学校史料陈列馆）

涂一涂

伟大的开端
——树德里

日本作家芥川龙之介，因小说《罗生门》被改编成同名电影而闻名于世。他曾以《大阪每日新闻》中国特派员的身份赴中国进行考察，于1921年4月来到上海。他专程前往一处石库门住宅拜访，并在《上海游记》中将这处住宅客厅的景致详细记录了下来："会客室内一张长方形的桌子，两三把西式椅子。桌子上有盘子，里面盛着陶制的水果。除了这些梨、葡萄、苹果等粗制的仿制品外没有任何赏心悦目的装饰。但房间一尘不染，朴素之气令人愉悦。"

而与芥川龙之介同行的《大阪每日新闻》记者村田孜郎则用上海话"头脑灵光"来评价他们所拜访的这位石库门住宅的主人

▶ 树德里（中国共产党第一次全国代表大会会址）

李人杰氏。

1956年大年初一，一位老人时隔三十多年重访这处石库门，这里已经被辟为纪念馆。老人睹物思旧，不禁百感交集。他已七十高龄，但谈笑风生，对革命文物的复原和保护作了细致的指示。纪念馆的工作人员请他题词留念，几天后，他派人送来两幅题词。其中一幅是"作始也简，将毕也钜"，这句话恰如其分地描述了中国共产党百年发展的光辉历程。这位老人就是董必武，他重访踏足之地正是中共一大会址所在地，这片石库门名为"树德里"。

1920年，在上海法租界贝勒路上，建起了一片名为树德里的石库门住宅。周围还是一片农田，环境非常幽僻。这里是在法租界最后一次扩张时被划入租界内的，所以生活配套设施还处在规划阶段。就在这些石库门房刚落成不久，一位姓李的先生租下了房子。房子位于望志路106号（今兴业路76号），坐北朝南，是一幢沿街两层砖木结构建筑。外墙清水青砖和红砖交错，砖间白线镶嵌，门楣上装饰着矾红色浮雕，黑漆大门配有黄铜门环，门框围以米色石条。

这位李先生，便是李书城，湖北潜江人，早年投身革命。他的弟弟李汉俊从日本东京帝国大学毕业，回国之后也住在这里。而芥川龙之介拜访的李人杰氏正是李汉俊，李汉俊对来访的两人谈起自己的政治主张："当今中国该走什么路？要解决这个问题，非共和也非复辟，这般的政治变革是改造不了中国的。过去既已证明了这点，现在亦证明了这点。那么，我们该努力去做的唯有社会革命一条路。"时人或许很难想到，这处石库门住宅会成为伟大的开端，中国共产党第一次全国代表大会在这里召开。

1921年7月23日,来自全国各地的代表共13人齐聚在树德里望志路106号,召开中国共产党第一次全国代表大会。他们是上海的李达、李汉俊,武汉的董必武、陈潭秋,长沙的毛泽东、何叔衡,济南的王尽美、邓恩铭,北京的张国焘、刘仁静,广州的陈公博,旅日的周佛海,陈独秀的指派代表包惠僧,还有共产国际的代表马林、共产国际远东书记处的代表尼克尔斯基。

大会由毛泽东和周佛海担任记录,在预备会上被推选为主席的张国焘汇报了会议的筹备经过,并提出大会的中心议题是制定党的纲领、工作计划和选举中央机构。张国焘还念了陈独秀交给陈公博的信件,谈了四点意见:"一、党员的发展与教育;二、党的民主集中制的运用;三、党的纪律;四、群众路线。"

随后,马林代表共产国际致辞,介绍了共产国际的性质、组织和使命,也谈到了列宁对中国的关怀,期望着建立共产党,期望着世界的东方建立起社会主义制度。尼克尔斯基代表共产国际远东书记处致辞,他向大会表示祝贺,介绍了在伊尔库茨克建立的远东书记处,建议给远东书记处发去电报,报告大会的进程。同时,他还介绍了不久前成立的红色工会国际的情况,认为中国共产党应当重视工人运动。

从23日至29日,大会均在此举行,各项议程按序进行,大部分代表每天都往返于会场和位于白尔路的住宿地博文女校。7月30日夜晚,灯火通明,正当会议进行过程中,突然有一个穿长衫的陌生男子闯进了会场。当李汉俊询问他找谁时,他答称走错了地方便匆匆地离开了。这个突然闯入的人是法租界巡捕房密探程子卿，他的行动引起了与会人员的警觉。

马林具有丰富的工作经验，察觉到潜在的危险，这个男人说不定就是"包打听"，他马上做出决断，让大家离开会场。会议立即中断，代表们迅速从前门分头离开。十几分钟之后，法国巡捕赶到李公馆，包围并搜查了会场，但一无所获。当时只留下李汉俊和陈公博，借《新时代丛书》社通讯处的名义应对法国巡捕。

其后，代表们纷纷聚集到老渔阳里2号，商量改换会议地点继续开会事宜。在李达夫人王会悟的提议下，决定到离上海更近且较清静的嘉兴南湖去开完最后一次会议。一大代表们在嘉兴南湖那艘游船中，通过了党纲和《关于当前实际工作的决议》，确定了党的名称、性质与奋斗目标，指出党成立后的中心任务是组织工会和教育工人，领导工人运动，对党领导工人运动的任务、方针、政策和方法都提出了规定或要求。会上选举出了中央局，由陈独秀任书记、张国焘为组织主任、李达为宣传主任。由此，中国共产党正式破茧而出。

中华人民共和国成立后，为迎接建党30周年，中央指示对建党初期的历史遗迹进行寻访调查。中共上海市委非常重视中央的部署，从1950年9月开始，市委宣传部负责调查和寻访中共一大会址及有关建党初期史迹，上海市文化局社会文化事业管理处处长沈之瑜和宣传部干部杨重光等人具体落实此项工作。

沈之瑜、杨重光等人接受这一任务后，深知重任在肩，立即全身心地投入勘察工作。他们得知中共一大代表之一周佛海的儿子周之友（原名周幼海）就在上海工作，于是设法找到周之友。周向沈之瑜等人提供了寻找中共一大会址的重要线索：第一，他的母亲杨淑慧现在上海。一大召开期间，周佛海曾带杨淑慧去过开会的那座房子，也曾叫她往那里送过信。第二，周佛海写过一本《往矣集》，其中谈及出席中共一大的情形。于是，沈、杨等人找到杨淑慧，请她帮助找寻中共一大会址及相关红色史迹。

中共中央根据一些当事人的回忆，几经寻找终于确定了一大会址。至1951年4月，分别核实了兴业路76号、78号是召开中国共产党第一次全国代表大会的会址所在地（简称中共一大会址），南昌路铭德里2号（新青年编辑部旧址）是中共成立后的中央工作部旧址，是中国共产党成立以后的第一个"总部"。太仓路127号（博文女校旧址）则为中共一大会议期间代表们的住宿之地。中共上海市委派人将兴业路的一大会址、新青年编辑部旧址、博文女校旧址等处拍了照片。其间还专门派杨重光携带三处旧址的照片，到北京征询请示有关方面的意见，又专门邀请了李达来沪帮助勘察。

1951年10月，中共上海市委决定，对其进行修缮，并将兴业路76号、78号中共一大会址，南昌路铭德里2号中共成立后的中央工作部旧址，太仓路127号中共一大代表宿舍三处史迹，联合组成上海市革命历史纪念馆，即第一馆——中国共产党成立时举行第一次代表大会的建筑物，李书城和李汉俊的住宅；第二馆——党成立后第一个工作中心，陈独秀的住宅；第三馆——党的第一次代表大会时，部分代表（毛泽东、董必武等同志）的临时住宅博文女校。以"三馆合一"的形式，隆重纪念中国共产党成立这一开天辟地的大事变。

  1952年9月,会址建筑修复完毕,建立纪念馆对外开放。1961年3月,国务院公布中国共产党第一次全国代表大会会址为第一批全国重点文物保护单位。1984年,邓小平为纪念馆题写馆名。2017年,习近平总书记带领中共中央政治局常委瞻仰中共一大会址时,发表重要讲话,强调:"只有不忘初心、牢记使命、永远奋斗,才能让中国共产党永远年轻。"

  2021年6月9日,文化和旅游部发布公告,上海市中国共产党一大·二大·四大纪念馆景区入选国家5A级旅游景区。6月25日上午,黄浦区首条红色经典步道正式开启,中共一大会址纪念馆是红色经典步道14处景点之一,成为生动诠释党史和城市发展史红色荣光的一个重要载体。

▶ 树德里（中国共产党第一次全国代表大会会址）

涂一涂

群英汇博文
——延庆里

2021年7月22日午后的太仓路上,一群身着黑色与浅蓝色学生装的北大学子徐徐走来,叩开了太仓路127号的大门。他们是北京大学考古文博学院的学生,组成北大暑期旅行团重访博文女校,再现百年前部分一大代表组成"北大暑期旅行团"入住博文女校的情景。漆黑的长夜里,博文女校的灯光,是那民族先行者的觉醒之光。100年后的7月,"北大暑期旅行团"重访博文女校,抚今追昔,重走一大路。

太仓路127号(原白尔路延庆里389号),距离兴业路76号中共一大会址仅200余米之遥,是一幢三楼三底、砖木结构、坐南朝北的老式石库门住宅建筑，这里是博文女校所在地，也是中共一大代表宿舍旧址。红灰相间的清水墙将黑色大门映衬得格外庄重，雕花阳台上方尽是茂密的梧桐，安装在窗棂格中的木质百叶窗，让柔和的光线和微风通过室内。楼上楼下共有十余间房间，分别设为会客室、教室、教员宿舍。

博文女校创办于1914年，是一所新式女子学堂，1915年改名为"国文讲习科"，1916年又改回"博文女校"的校名。校址曾先后位于贝勒路、蒲石路、白尔路等地。约在1920年，学校迁至白尔路延庆里389号（今太仓路127号）。授课科目为伦理、国文、英文、历史、地理、数学、法制、经济、理科、家政、图画、手工、音乐、体操等，每半年学费十五元。中途来学者减半，寄宿者每半年三十元。随时报名，满十人先上课。

该校创办人黄绍兰，是章太炎的唯一女弟子。黄绍兰，亦名学梅，字梅生，湖北省黄冈市蕲春县青石镇黄洼湾人。1905年随父在汉江教会学校读书，以花木兰自励，更字"绍兰"。1907年考入京师女子师范学堂。1910年毕业，任河南开封女子师范学堂国文教员。武昌起义爆发后，急赴武昌，随即受黄兴派遣，到上海与陈其美等联系策动上海起义。后在上海都督府支持下，组建上海女子军事团，被推为团长。袁世凯窃据临时大总统后，女子军事团被解散，黄绍兰随黄兴赴南京参加留守政府工作。她倡议设辛亥革命烈士忠裔院，任院长，负责收养烈士遗孤。

博文女校的校董会是由黄兴夫人徐宗汉、章太炎夫人汤国梨及邵力子、邹鲁、张继等组成。章太炎曾为博文女校做过"广告"，

▶ 延庆里（博文女校、中共一大代表宿舍旧址）

其言:"博文女学校校长黄绍兰,余弟子也。其通明国故,兼善文辞,在今世大夫中所不多见。勤心校事,久而不倦。观其学则之缜密,则知其成绩之优矣。女子求学当知所从。附识数言,以为绍介。"在黄绍兰带领下,博文女校师生积极参与各种进步活动。

1919年5月8日、5月9日下午,上海各学校代表在复旦大学召开预备会,讨论组织学生联合会事宜。博文女校与上海女子中学等12所女子学校加入,到10日为止,加入学生联合会的已有44所学校。会后,各女校纷纷成立了学联分会。在5月9日"国耻纪念日"这天,全市各学校停课一天,学生们列队到街头演讲,揭露帝国主义和卖国贼的罪行,抵制日货,提倡国货。五四运动期间,博文女校的师生非常活跃,校长带领大家每天出外活动,参加反日大会和游行示威。有时还深入居民中间,进行爱国救国的宣传活动。抗战时期,博文女校师生也积极参与抗日救亡革命行动,为民族复兴而努力。

1921年,上海党组织的李汉俊和李达受命负责筹备7月在上海举行的第一次全国代表大会。考虑到要为中共一大代表们安排住宿,李达夫人王会悟提出可以安排在博文女校。当时王会悟参加了上海女界联合会,担任《妇女声》的编辑,与博文女校校长黄绍兰相识,而且王会悟也曾担任过黄兴夫人徐宗汉的秘书。李汉俊的嫂子薛文淑当时也正在博文女校读书。7月正好是学校放暑假的时候,博文女校的校舍是空关的。当王会悟向黄绍兰提出以"北大师生暑期旅行团"的名义借用校舍后,黄绍兰便一口答应下来。不仅如此,她还为他们留了一名校工,帮助解决日常生活问题,关照要看紧大门，不许闲人到楼上去打扰。

1921年7月的下半月,"北大暑期旅行团"的成员们陆陆续续到达，在组织的安排下，博文女校就这样住进了前来参加中国共产党第一次全国代表大会的部分代表。住宿房间就是第二进楼上的教室。毛泽东、何叔衡住在博文女校二楼西厢房的前面，王尽美、邓恩铭住二楼沿街西小间，董必武、陈潭秋住二楼东厢房，包惠僧、周佛海及刘仁静则住沿马路的东边后半间和中间。北京代表张国焘参与筹备一大，来上海最早，另有住处，但开会期间聊得晚了也偶尔留宿。

当然，除了这些住在博文女校的代表，其他代表也都住得不远。李汉俊就住在邻近的望志路106号；李达、王会悟夫妇借住于一公里外的环龙路老渔阳里2号二楼亭子间，此处既是陈独秀寓所，也是共产党发起组成立地、新青年编辑部；广东代表陈公博则携新婚妻子住到了南京路上的大东旅社。

在博文女校，室内的陈设简陋，仅存放着木板床和书桌，芦席铺在楼板上供代表休息用。代表们住下后大都忙于整理和准备各地工作的情况与资料，以便在大会上宣读与汇报。当时是盛夏，代表们纷纷摇着蒲扇，奋笔疾书，直至深夜才休息。在大会开会的前一天，部分代表还在包惠僧住的屋内召开了一次预备会，参加的有李汉俊、张国焘、李达、刘仁静、陈潭秋、周佛海等，张国焘被推选为主席。中国共产党第一次全国代表大会召开后，代表们休会期间就在这里草拟会议文件，交流、商讨对中国革命的认识。

中共一大在上海召开后，由于中途会场遭到法租界密探骚扰，代表们因此离开上海，转赴嘉兴南湖继续开会。博文女校至此结束了它在一大中的使命。一大的召开正式宣告了中国共产党的成立，博文女校与中共一大会址共同见证了这场秘密而又隆重的会议。由于博文女校的鲜明政治立场，为国民党所不容。1933年，博文女校因被国民党上海市党部取消而停办。之后，此房屋成为居民住房。

1950年9月，中共上海市委指派市文化局社会文化事业管理处处长沈之瑜和宣传部干部杨重光负责中共一大会址及相关革命旧址查勘工作。市公安局安排周佛海遗孀杨淑慧协助查勘。在周佛海之子周幼海帮助下，沈之瑜从周佛海回忆录《往矣集》中查阅到，中共一大代表的住宿地点为博文女校。

杨重光则依据1949年萧三写的《毛泽东同志的青少年时代》一书，查阅到中共一大代表住宿地点在蒲柏路（今太仓路）。根据线索，杨重光来到太仓路，在附近居民帮助下，最终于1951年4月勘实，太仓路127号为博文女校旧址。同年，房管部门陆续将这里的居民迁出，博文女校旧址由中共上海市委宣传部派员查实修复和布置，并于1952年9月开始内部开放，当时称上海革命历史纪念馆第三馆。

1953年2月，文化部通知修缮革命建筑物应以恢复原状为原则。上海革命历史纪念馆对博文女校旧址内部布置进行调查。1954年，请包惠僧勘察了博文女校旧址。1955年2月，中央指示博文女校停止对外开放。1956年2月，董必武参观了博文女校旧址并做了回忆。1959年5月，上海市人民委员会公布博文女校旧址被列为上海市级文物保护单位，并在此楼下客厅勒石纪念。1967年、1987年经两次修缮，由中共一大会址纪念馆负责保护管理。1977年12月7日，上海市人民政府重新公布此楼为上海市文物保护单位。

2019年9月，中国共产党第一次全国代表大会宿舍旧址（博文女校）被国务院公布为第八批全国重点文物保护单位，合并入中共一大会址。2020年11月，中共一大会址修缮，博文女校同时列为重点修缮项目。

2021年6月，博文女校二楼复原了代表们住宿房间，并专题陈设《群英汇博文——中国共产党第一次全国代表大会代表宿舍旧址（博文女校）史迹陈列》，辟出两间展室，展示了博文女校与中共一大的历史关联以及博文女校前世今生的故事。2021年6月25日上午，黄浦区首条红色经典步道正式开启，中共一大代表宿舍旧址（原博文女校）是红色经典步道14处景点之一，成为生动诠释党史和城市发展史红色荣光的一个重要载体。

延庆里(博文女校、中共一大代表宿舍旧址)

涂一涂

寓所里的指路明灯
——辅德里

中共二大会址位于南成都路辅德里 625 号（今老成都北路 7 弄 30 号）。1922 年 7 月 16 日，中国共产党第二次全国代表大会在这里召开。

辅德里邻近法租界，于 1916 年建成，地属公共租界。建筑分为 4 排一组，包括沿南成都路的临街店铺，共有 76 个单元，625 号是一栋典型的二层砖木结构里弄建筑。625 号门楣上题有"腾蛟起凤"四字，选自唐代诗人王勃的《滕王阁序》。屋顶铺小青瓦，清水青砖外墙，木百叶窗。进入天井，朝里是客堂间，客堂后面是楼梯间，楼梯后面是灶披间。灶披间有一扇后门，前后门都通，进

辅德里（中国共产党第二次全国代表大会会址）

出方便。沿楼梯而上，北面是一个亭子间，南面是书房兼卧室，沿石梯再上是晒台。

1921年4月，李达与王会悟结婚。他们婚后搬出陈独秀寓所，从公共租界巡捕刘少归处租借辅德里625号作为新房。在会议召开前，党中央对大会的会址进行了周密的考虑，最终决定将李达在上海的寓所作为会场。李达，名庭芳，字永锡，号鹤鸣，湖南零陵（今永州市）岚角山镇人。1920年参加中国共产党发起组，主编《共产党》月刊，在中共一大上被选为宣传主任。房子处于巷子深处，比较僻静，前后门都能够通行，方便危险时人员疏散。另外，辅德里位于公共租界内，不太容易遭到破坏。

党成立后，党务工作展开，各地支部的同志跑到上海来找党中央问经取典。李达夫妇要设法安排这些人的住宿和生活。正巧他们家斜对面有一幢二楼二底的房子要出顶，王会悟凑齐五十元顶下了这幢房子。一方面是为安排这些同志住宿，另一方面是需要培养一批女干部。

陈独秀曾和李达商议，为了培养妇女人才，开展妇女运动，在上海创办一个女校。李达提出把这幢房子就作为培养女干部的地方，定名为平民女学。原先没有挂牌子，也没有对外招生，到1922年这个学校才公开招生，正式开学。辅德里632号A（今老成都北路7弄42号、44号）由此作为校舍，并在1921年12月先后两次以"上海中华女界联合会"的名义在报纸上公开刊登招生广告。

1922年2月，平民女校开学。办学者所收学生是"平民"，是无产阶级政党为劳动妇女所办的学校。其次，平民女学的精神品质、价值观是"平民的",女学在民国时期开始逐渐兴起于社会,人们虽有种种偏见,但不同人群开始对女性受教育有所接受。中国共产党所办的女学与有产阶级女学很少有共同点。平民女学实行半工半读,"工作部简章"规定,"凡是平民女学校在十五岁以上的学生,有刻苦耐劳精神和严格自制的意志"可以加入。每日工作5小时,用以支持自己的生活。这种艰苦而独立的学习生活是"平民"本色。

平民女校的校务主任先后由李达、蔡和森担任,协助办校的先后有王会悟、向警予等人。女校分为高级班和低级班,设有国文、数学、英文、社会学、教育学等课程,附设手工工场,女校实行半工半读。陈独秀、李达、陈望道、邵力子、沈雁冰等人都曾在这里授课。学生有王剑虹、丁玲等30多人。在党的领导下,学生们还积极参加社会活动和工人运动。1922年底,学校因经费拮据等原因停办。

1922年7月16日,来自全国各地的12位代表齐聚南成都路辅德里625号,他们是陈独秀、张国焘、李达、杨明斋、罗章龙、王尽美、许白昊、蔡和森、谭平山、李震瀛、施存统等人。毛泽东是代表之一,因故未能出席。1936年,毛泽东曾经对西方记者埃德加·斯诺谈起此事时说:"我被派到上海去帮助组织反对赵恒惕的运动。那年(1922年)冬天(回忆的时间有误),第二次党代表大会在上海召开,我本想参加,可是忘记了开会的地点,又找不到任何同志,结果没有能出席。"在中共七大预备会上,毛泽东又一次提到这件事:"有些同志未当选为代表,不能出席和旁听,很着急,其实这没什么,就拿我来说,我是'一三五不论,二四六分明',

逢双的大会我都没有参加。"

在会上，代表们讨论通过了《中国共产党第二次全国代表大会宣言》，大会正确分析了帝国主义列强侵略中国和中国社会演变为半殖民地半封建社会的政治经济状况，第一次提出党的反帝反封建的民主革命纲领，第一次提出党的统一战线思想——民主联合战线的思想，第一次公开发表《中国共产党宣言》，制定第一部党章，第一次比较完整地对工人运动、青少年运动和妇女运动提出要求，第一次明确决定加入共产国际，第一次明文提出"中国共产党万岁"的口号。

这一具有重大历史意义的民主革命纲领，即把"消除内乱，打倒军阀，建设国内和平；推翻国际帝国主义的压迫，达到中华民族完全独立；统一中国为真正民主共和国"作为党的最低纲领。而将"组织无产阶级，用阶级斗争的手段，建立劳农专政的政治，铲除私有财产制度，渐次达到一个共产主义的社会"作为党的最高纲领。这一纲领犹如在黑暗中为路人指路的明灯，引导千百万民众前赴后继，走向光明。中共二大为中国革命指明方向，与党的一大共同完成党的创建任务。

大革命时期，李达根据中央指示创办人民出版社。人民出版社的公开地址是广州昌兴新街26号，这是为了避免租界当局和军阀的搜查与破坏，实际上编辑、出版、发行等全部是在上海进行的，编辑部就位于辅德里625号李达家中。出版社成立之后，主要任务是印发马列主义理论著作。李达在《新青年》第9卷第5号发表了《人民出版社通告》，说明了人民出版社出版各种书籍的目的、出版品的性质以及对于译者的要求。同时还公布了人民出版社的出版计划，准备出"马克思全书"15种，"列宁全书"14种，"康民尼斯特（共产主义）丛书"11种，其他理论书籍9种。

李达夜以继日地组织编书、译书工作，后来由于各种原因和限制最终未能完全实现。但在他的主持下，短短一年内，人民出版社出版了15种革命理论书籍，其中包括"马克思全书"3种，"列宁全书"5种，"康民尼斯特丛书"4种，其他编著3种。这是在我国第一次有组织、有计划地出版马克思、恩格斯著作和列宁著作，开拓了中国出版事业的新路。

上海解放后不久，陈毅市长就指示上海市有关部门寻找中共二大会址。1954年2月23日，上海革命历史纪念馆筹备处收到一封信，写信者是正在湖南大学教书的李达。他在信中写道：中共二大的第一次会议并不是在杭州西湖召开的，而是在南成都路附近的几处地方举行的，到会代表十五六人，一共开了3天大会。第一天的大会是在他的家中——今上海市南成都路辅德里625号举行的。第二、第三天的大会是在另一个地方举行的，里弄和门牌号码他记不得了，但都在公共租界，这是千真万确的。

革命历史纪念馆筹备处根据从各处收集到的资料考证，当年召开会议的代表中，李达是其中两位上海代表之一，他的话应该是可信的。筹备处的工作人员赶到南成都路辅德里考察，碰到了一些疑问，整条弄堂总共只有49幢房屋，不知怎么出现625号的。后来调查得知，原来当时上海公共租界房屋门牌编排较混乱，每条弄堂建成后，均由工部局捐务处按所在马路的门牌次序来续号，南成都路辅德里 625 号，其实就是南成都路 625 号，1932 年改为成都路 7 弄 30 号。抗战胜利后，成都路改称成都北路。

1958 年，李达专程到上海协助寻访重要的革命旧址，指认成都北路（今老成都北路 7 弄 30 号）为自己昔日的寓所，这一栋两层建筑位于深巷中的第二排，建筑面积为 74 平方米，楼上为李达的书房和卧室，楼下为客厅。它和同排其他房屋都由一位姓韩的大房东所建，各家都有前后门，独进独出，相当隐秘和安全。中共二大会址最终得到了有关部门确定。但是中共二大的其他几次会议地址再也没能找到，因为即使在当时，四通八达的石库房弄堂也着实让外乡人摸不着头脑。

会址确定后，根据李达、王会悟等人的有关回忆和文献记载，筹备处对它进行复原布置。1959 年，中共二大会址被上海市人民委员会确定为上海市级文物保护单位。1977 年 12 月，重新公布为上海市文物保护单位。2001 年建党 80 周年之际，中共二大会址修复，建立纪念馆并于次年对外开放。2003 年，被上海市人民政府命名为"上海市爱国主义教育基地"。2013 年 3 月 5 日，由国务院公布为第七批全国重点文物保护单位。2021 年 6 月 9 日，文化和旅游部发布公告，上海市中国共产党一大·二大·四大纪念馆景区入选国家 5A 级旅游景区。

辅德里（中国共产党第二次全国代表大会会址）

涂一涂

隐蔽的革命心脏——三曾里

位于静安区的公兴路与临山路路口,有一片建于20世纪80年代的多层住宅小区。但在近百年前,这里一幢很普通的石库门民居曾蛰伏着党中央秘密办公机构,外人路过也不会注意它。当年从这里始发出去的号令,指导了一系列革命运动。它是中国共产党的革命斗争和革命事业的领导中心,这里的中央局领导关注着社会大事,心系着中国革命伟大事业。

1923年6月12日至20日,中国共产党第三次全国代表大会在广州东山恤孤院31号(今恤孤院路3号)召开。会议代表30多人。会议中心议题是讨论国共合作,建立革命统一战线的问题。大会通

三曾里（中共三大后中央局机关旧址）

过了《关于国民运动及国民党问题的议决案》《中国共产党第三次全国代表大会宣言》等文件。会上选举产生新的中共中央执行委员，随后，又选举出由陈独秀、蔡和森、毛泽东、罗章龙、谭平山（1923年9月，中央机关由广州迁回上海，谭平山代表中央驻粤工作，由王荷波接替谭加入中央局）5人组成中央局。陈独秀任委员长，毛泽东任秘书（其职能是协助委员长负责党内外日常事务，同委员长一起签发中央文件），罗章龙为会计，蔡和森负责主编中央机关报《向导》，谭平山主持国共合作事宜。

中共三大召开以后，党中央根据当时革命形势的发展需要，决定将中央局机关迁址到上海。理由是把中央机关放在广州有诸多不利，一是广州是国民党政治中心所在地，共产党在广州开展革命活动缺乏根基；二是没有良好的隐蔽工作环境。而上海产业工人集中，交通便利。1923年6月下旬，中央局成员陆续离开广州。

1923年7月，党中央委派中央执行委员、农工部部长王荷波（后增补为中央局成员）到上海进行党中央局机关办公地的选址。王荷波经过一番考察后，相中了公兴路与香山路（今临山路）交叉地三曾里。他根据中共中央提出的要求，以私人名义在三曾里3号（今临山路202—204号）租借了一处两层楼房，作为中央局机关秘密办公地点。

三曾里可以说是地理位置独特、工作环境特殊、政治基础坚实。三曾里地处闸北宝山路地区，属华界。这一地区，紧靠北火车站，公路纵横交错，与外省市、上海各区交通、通信联络非常方便。且与租界毗邻，如遇紧急情况可迅速向租界转移。在三曾里的周围，有众多的居民老百姓，多家民族资本企业（如全国最大的文化出版单位商务印书馆），众多缫丝厂、手工业工厂、商店、杂货铺等，居民和商家杂处。在这样的环境中开展地下党工作是最隐蔽的。这一地区也是上海工人阶级形成较早的地区之一，有数万人之多。重要的是还有中共上海地方兼区执行委员会所辖的中共上海大学、商务印书馆两个中共组，有党员24人。中共三大召开时，全国党员420人，闸北的党员占全国的5.7%，党的群众基础好，这是闸北地区的一大优势。

1923年7月至1924年9月，中央局的五名成员，除谭平山留驻广东外，陈独秀、毛泽东、蔡和森和罗章龙等陆续从广州、北平、湖南等地来到上海在此办公。

这里既是中央最高层领导们的办公场所，也是革命家庭共同生活的地方。在这里常住的有3户人家，毛泽东、杨开慧夫妇，蔡和森、向警予一家以及罗章龙一家共十几口人曾居住在这里。毛泽东、杨开慧夫妇住楼下前厢房，蔡和森、向警予夫妇住楼下后厢房，罗章龙一家住楼上。党中央开会、办公均在楼上。为隐蔽起见，住在这里的三家人对外称"王姓兄弟"，向警予为户主。为了保密，这个"家庭"还在门外挂上"关捐行"的招牌作为职业掩护，即帮人填外文表格到海关去报税。

当时，中央执行委员会委员长陈独秀的寓所在法租界渔阳里，但他常来此办公、开会等，如果开会晚了或有事不能回去就在这里留宿，楼上还设有他的专门床铺。

已增补为中央局成员的王荷波住在公共租界同孚路（今石门

一路），也常来这里开会。共产国际代表常派人来此联系工作。恽代英当时是团中央书记，有时中央开会也要来列席。1923年9月到1924年上半年，三曾里3号由此成为中共中央最高层领导决策中国革命前途和命运的重要机关所在地。小小的"三曾里"成了党中央最高层领导对中国革命斗争和革命事业发展进行研究决策的中心，是有历史记载的中央局机关党的最高层领导集中办公的一处秘密基地。

1923年11月24日至25日，中共三届一次中央执行委员会会议在三曾里3号召开。参加会议的有陈独秀、罗章龙、蔡和森、王荷波4人，驻京委员李大钊，驻鄂委员项英，社会主义青年团中央代表1人，国际代表1人。会议讨论并通过《国民运动进行计划决议案》，阐明了共产党员在国民党中的地位和作用，要求"我们的同志在国民党中为一秘密组，一切政治的言论行动，须受本党之指挥"。决议还指出："国民运动是我党目前全部工作。因为目前的中国劳动运动，农民运动，学生运动，妇女运动，在政治上的意义都只是国民运动。"这次会议对贯彻落实中共三大的正确策略方针，起了积极推动作用。

中央局机关迁至闸北三曾里后，上海的国共合作迅速展开。中共上海地方委员会和青年团上海地方委员会根据党中央的指示，建立了"国民党改组委员会"，动员共产党员和青年团员尽量加入国民党，在全国范围内推进国共合作的工作首先在上海展开，其中，闸北是上海推进这项工作最有生气的城区。

在三曾里的一年多时间里，党中央最高层领导以贯彻落实中共三大制定的方针为宗旨,制定了一系列推进国共合作、促进党的自身建设、加强国民革命运动等方针的中央文件,如《中国共产党对于时局之主张》《关于国民运动及国民党问题的议决案》等30多份文件。同时,在党的理论刊物《向导》周刊上发表了200多篇理论文章。

1932年,三曾里在"一·二八"淞沪抗战中被日军炸毁。2006年12月,闸北区人民政府将其公布为闸北区纪念地,并于浙江北路118号辟建闸北革命史料陈列馆(中共三大后中央局机关历史纪念馆),主要宗旨是纪念中共三大后迁回上海的中央局机关,于1923—1924年在闸北三曾里开展革命活动的重要史实,同时展示闸北地区历史上所发生的重要革命事件,进行爱国主义宣传教育。馆舍原名"瑞庐",是一座建于1935年的富商住宅,新中国成立后由闸北区政府接收作为办公地,建馆前一直是闸北区政协的所在地。小楼占地不大,立面装饰简洁大方,庭院前方点缀有一丛幽篁,环境清雅别致。

中共三大后中央局机关历史纪念馆于2007年在浙江北路118号胜利落成,它串联起了中共党史,使中共一大、二大、三大、四大在上海的历史脉络有序地连接了起来,再现了上海作为中共发源地极其特殊的历史印记,意义非同寻常。

纪念馆展陈历史照片、资料近千件,生动再现三大后中央局机关在上海开展工作的情况,真实还原在历史上留下重要笔墨的三曾里。中共三大后中央局机关办公地三曾里的陈展位于东楼展厅,主题为"永恒丰碑,党史辉煌"。底层大厅中,场景再现与模型复原向参观者展示了三曾里的地理位置与工作环境，并对在三曾里工作生活过的部分中央局委员进行了介绍；二楼展出中共三大前后关于中央局形成的部分珍贵档案，以及对毛泽东、杨开慧夫妇在三曾里办公生活场景的生动再现，还附有1923年7月至1924年9月期间的中央领导机关大事记；三楼展厅主要介绍中共三大的召开及第一次国共合作的情况，以及1922—1933年在上海的12处重要中央机关旧址的概况。

西楼以"红色闸北"为展示主题，运用二维投影、声光模型、电子互动等科技手段，对闸北历史上的上海大学、上海第三次工人武装起义、中共早期革命斗争、两次淞沪抗战、宋公园殉难烈士等重要革命事件与史迹作了详细介绍。

2011年6月，上海市文物局、上海市闸北区人民政府在闸北区第三中心小学（永兴路211号）原三曾里遗址西南侧设立中共三大后中央局机关三曾里遗址纪念标志。2014年4月，由上海市人民政府公布为上海市文物保护单位。

三曾里（中共三大后中央局机关旧址）

涂一涂

毛泽东一家的上海岁月——甲秀里

甲秀里一带是上海第三个跑马厅建成后英美租界较早的越界筑路区域,甲秀里建于 1915 年,为石库门建筑,有北面和西面两个弄堂口。北弄口在威海卫路(今威海路),西弄口在慕尔鸣路(今茂名北路)。因此,20 世纪 30 年代,甲秀里的门牌号曾改为威海卫路 583 弄,弄名则改为"云兰坊"。

甲秀里与上海一般建筑的朝向不同,都是坐南朝北的。这几栋房屋原为慕尔鸣路甲秀里 317 号、318 号、319 号,建筑面积约 576 平方米,建筑总长度约 23.2 米,总宽度约 13.2 米。

甲秀里 318 号住宅是一幢颇为典型的两楼两底砖木结构的老式

▶ 甲秀里（毛泽东旧居）

石库门房子，双开间一厢房的平面布局，青砖清水外墙，黑漆大门上铜环门扣，围以条石门框。有天井、客堂、前楼和厢房等。毛泽东和上海的关系极为密切，他曾先后37次到访上海，其中在新民主主义革命时期共来过11次，甲秀里就是他在1924年第10次到上海工作期间，与杨开慧共同开展革命活动时所居住的地方，是他在上海住的时间最长、最富家庭生活气息的一处。

1923年6月，中共三大在广州召开，毛泽东当选中央执行委员、中央局成员并兼中央局秘书，第一次进入中国共产党的领导核心。1924年1月，国民党第一次全国代表大会在广州举行，标志着第一次国共合作正式形成，毛泽东参加了会议并被选为候补中央执行委员。1924年2月中旬，毛泽东离开广州到上海工作，在国民党中央上海执行部被委以重任，担任文书科代理主任兼组织部秘书，成为中共在国民党中央上海执行部的中心人物。抵沪后，毛泽东先居住在闸北香山路三曾里中共中央局机关内。

因同住在三曾里的向警予也参加了国民党上海执行部的工作，负责妇女部，为方便工作，她与丈夫蔡和森搬到了慕尔鸣路甲秀里318号。毛泽东看到这里石库门里弄环境安静，距环龙路（现南昌路）44号国民党上海执行部不远，挚友蔡和森、向警予夫妇也已在318号住下。于是，毛泽东也随即把家安在甲秀里。

同年6月初，杨开慧同母亲向振熙携儿子毛岸英、毛岸青从长沙到上海。毛泽东一家住在楼下厢房里，蔡和森、向警予夫妇住在楼上。毛泽东和杨开慧住统厢房，临天井的窗前摆着书桌，室中有一张方桌和两只方凳，墙边的木板床上罩着蚊帐，床边还有一只小摇篮。杨开慧母亲向振熙则住在后厢房，客堂则是一家人吃饭和会客的地方。亲人的到来，给毛泽东繁忙的生活增添了许多乐趣。

在这里，杨开慧除了操持家务、照料孩子外，还帮助毛泽东整理材料、誊写文稿，与妇女运动领袖向警予一起参加妇女运动，并每周挤出两个晚上的时间，到小沙渡工人夜校讲课，向工人传授文化知识，宣传革命道理，深受广大工人的欢迎。在邻居们的眼里，这位年轻人常常早出晚归，他的真实身份鲜为人知。毛泽东当年的邻居黄平曾说过：甲秀里的居民大多数是靠工薪维持生活的，往往入不敷出，日子难以为继，遇到这种情况，毛泽东总会帮助、救济这些贫困的邻居。

毛泽东在上海的工作相当繁重，中共三大后，党的工作重心是建立、巩固和发展国共合作的统一战线，他为此作出了不懈努力。在参加国民党中央上海执行部工作期间，毛泽东负责多项工作，怀着一腔革命热血，全身心投入工作。由于国民党中央上海执行部组织部部长和秘书处文书科主任一直未到任，毛泽东负责多项实际工作，包括起草相关文书、筹备组织活动、党员重新登记、发展党员、建立基层党组织等。

为求改变国民党组织上的涣散状态，国民党上海执行部对国民党党员进行重新登记，在登记过程中，他坚持原则，维护纪律，打击了国民党右派势力，从组织上巩固了国民党。1924年3月13日，国民党上海执行部召开会议，议决上海执行部在沪招考黄埔军校学员事宜，毛泽东负责上海地区、长江流域和以北各省投考黄埔军校学生在沪复试事宜，徐向前等一批军事人才就是经过他复试后被黄埔军校录取的。他很重视培养新生力量，鼓励进步青年学生加入国民党。

作为平民教育委员会常务委员，毛泽东也十分重视平民教育，不仅参与制定了国民党上海执行部平民教育委员会简章及捐款办法，有时晚上还要到沪西小沙渡工人夜校去上课，回家后再伏案写文稿。同时，他还要参加孙中山就任非常大总统三周年庆祝集会，组织筹备上海各界人士追悼列宁大会，组织成立妇女运动委员会及青年运动委员会等。那时毛泽东身兼数职，工作繁忙，还常与国民党右派进行斗争。

在上海期间，毛泽东除了在国民党上海执行部的工作外，还担任了中共中央局秘书，协助委员长陈独秀主持中共中央日常工作。1924年5月10日，毛泽东参加在上海召开的扩大的中共中央执行委员会会议。会议决定，由毛泽东兼任中央组织部部长，毛泽东也由此成为中央正式设立组织部后的第一任组织部部长。中共中央组织部的工作多数是在甲秀里的家里完成。毛泽东兼任中共中央组织部部长后，在加强党的组织建设、完善党的组织设置、加快发展党员、建立支部组织、巩固党的纪律、筹备四大召开等方面做了大量卓有成效的工作。

第一次国共合作困难重重，但毛泽东始终坚持工作。由于国民党右派的排挤，共产党人在执行部中的工作一直很难开展。1924年7月中旬，毛泽东不得不辞去组织部秘书，专任文书科主任一职。同年12月，毛泽东由于工作过于劳累，积劳成疾。经中共中央同意，毛泽东携妻子离开上海回到湖南疗养，继续领导开展农民运动。

1924年2月到12月在上海工作的10个月，全方位地提高了毛泽东的领导水平与工作能力。离开上海后，毛泽东继续摸索着救国之路，认识到农民和武装斗争是中国革命的两大基本问题，大力开展农民运动，继之开创了农村包围城市、武装夺取政权的革命道路。

1960年，有关部门在寻访毛泽东旧居地址时，曾多方走访，未能最终确定旧居是7号还是9号。1964年上海市文化局对茂名北路120弄5号、7号、9号三幢房屋进行修缮。1977年12月，5号、7号、9号三栋房屋一并被公布为上海市文物保护单位。1998年，设立毛泽东旧居陈列馆，房屋内部的居民迁出，中共静安区委、区人民政府对甲秀里进行了彻底大修，7号建筑成为毛泽东旧居原址陈列馆，5号、9号建筑成为毛泽东纪念馆。1999年12月向公众开放。2009年12月，上海茂名路毛泽东旧居被上海市人民政府公布为上海市爱国主义教育基地。2013年，对毛泽东旧居进行了局部维修。

2015年，上海市文物局通过了静安区文化局提出修缮茂名北路120弄毛泽东旧居的申请。设计团队在修缮前对旧居建筑现状进行仔细勘察，发现甲秀里的里弄格局与一般的石库门里弄有所不同，传统的石库门里弄房屋大多是坐北朝南的，而甲秀里这几栋房屋却是坐南朝北的。如此布局是因为甲秀里原来的开发商不是很大，在拿地面积有限的情况下，要有效且充分地利用空间，因地制宜，故形成了这独特的"门对门"的里弄空间格局。

工程团队通过多方努力，找到了一份1960年由上海市民用建筑设计院乔舒祺亲手绘制的威海卫路甲秀里复原设计图纸，经过修缮后的甲秀里，恢复了历史原貌及空间格局，老馆原来老化的陈设被优化。为紧扣旧居主题，上海毛泽东旧居陈列馆新增了大量实物、书信、批示、手稿、遗物等资料，增补最多的是毛泽东1924年在上海工作期间的书信、文件等展品与史料，如毛泽东手迹《毛泽东致平教委员会诸同志函》等。重现了毛泽东一家当年居住时的场景，重点展示了毛泽东在新民主主义革命时期在上海的活动足迹。

如今，参观甲秀里旧居，缅怀一代伟人毛泽东的光辉业绩、追忆共产党人战斗经历的市民络绎不绝。作为传承上海红色基因的重要场馆，修缮后的毛泽东旧居陈列馆，俨然成为国内外游客寻找上海红色印记的打卡地，成为都市繁华盛景中的一抹红色璀璨。

▶ 第一次国共合作时期国民党上海执行部旧址

涂一涂

顶天立地，力量之源
——广吉里

1924年1月20日，中国国民党第一次全国代表大会在广州举行。共产党员李大钊、林伯渠、毛泽东、瞿秋白等参加大会的领导工作和有关委员会的工作。大会通过宣言，确立孙中山的联俄、联共、扶助农工的三大政策，实现中国国民党与中国共产党的合作。6月16日黄埔军校开学。以周恩来为首的共产党员参加该校的政治领导工作及其他工作。

为了总结中国共产党和中国国民党合作一年来的经验，加强党对革命运动的领导，迎接革命运动新高潮的到来，制订开展群众运动的计划，中国共产党于1925年1月11日至22日在上海召开了第四次全国代表大会。

中国共产党第四次代表大会在广吉里（今虹口区东宝兴路254弄28支弄8号）召开，会场为一栋坐西朝东的砖木结构假三层石库门民居。这一带原属于公共租界，三教九流、五方杂处，西临淞沪铁路，北靠俞泾浦，周边有白保罗路（现新乡路）、北四川路（现四川北路）、东宝兴路等交通要道，小弄小巷四通八达。

中共四大使用的会场是中央委托中央宣传部的干事张伯简物色的。张伯简，1921年冬在德国柏林加入共产党，1922年，他与周恩来、赵世炎等人在巴黎共同创建了"旅欧中国少年共产党"，被选为组织委员。1925年1月，在中国社会主义青年团第三次全国代表大会上，张伯简被选为团中央候补委员，代理团中央农工部主任。中央当时提出具体要求，会场不能安排在租界里，但又不能离租界太远，以便一旦发生异常情况，可以立即撤退和疏散到租界。张伯简按照这一要求，租借到了当时闸北铁路边一所空置的房屋，也就是今东宝兴路254弄28支弄8号。

1925年1月11日，大会在这幢沪北地区典型的石库门房子里正式召开。推开乌漆厚木大门，门内是天井，抬头即望一方天，二楼天井四周是雕花栏杆。推开落地长窗，是一楼宽敞明亮的客堂，两边是厢房。房子的一楼是空着的，有一位苏北籍的女工负责警戒工作，一旦有情况发生，她就会拉响安在一楼楼梯口的警铃，向二楼开会的代表们发出警报。

穿过客堂，登上二楼，偌大的一个房间就是中共四大的会场。为了防止意外，会场被布置成课堂模样，正前方设有讲台，边上架

▶ 广吉里(中国共产党第四次全国代表大会会址)

着一块黑板，上面写着"寒假英文补习班"和一首英文小诗，几张方桌拼凑成的会议桌上，放着几把茶壶和一些茶杯。桌子的一边，整齐地叠放着几本英文书籍。这里被故意布置成一个课堂的模样，中共四大代表们仿佛是在参加英文补习班。倘若会议期间发生紧急情况，代表们就会赶紧收起手中正在讨论的议案，拿起英文课本作掩护。

出席中共四大的代表有陈独秀、蔡和森、瞿秋白、张太雷、周恩来、陈潭秋、朱锦堂、彭述之、李立三、李启汉、李维汉、罗章龙、王荷波、项英、尹宽、杨殷、何今亮、向警予等20人，代表全国994名党员。共产国际代表维经斯基也出席了大会。这次大会的中心议题是研究和讨论中国共产党如何加强对日益高涨的革命运动的领导，工人阶级如何参加民主革命运动以及党在组织上和群众工作上如何进行准备的问题。

大会由陈独秀主持，并由他代表中国共产党第三届中央执行委员会作了工作报告。代表们认真讨论了中央的工作报告，完全同意中央执行委员会对中国政局的分析，对中央执行委员会"领导本党在国民党及国民运动中的活动，使本党日渐与实际生活接近而有可能领导中国国民运动之趋势"，基本表示满意；同时对中央在组织技术工作上的失误以及执行中央决议的迟延，提出了批评与建议。

共产国际代表维经斯基出席了第一天的会议，作了关于世界共产主义运动状况的报告。出席1924年6、7月在莫斯科召开的共产国际第五次大会的中共代表彭述之，向大会作了关于共产国际五大的情况和决议精神的报告。蔡和森、瞿秋白、周恩来、何今亮等先后在大会上讲话。各区、各地方委员会的代表向大会报告了本地区的工作情况。

会议经过讨论,通过了《中国共产党第四次全国代表大会宣言》《中国共产党第二次修正章程》和《对于出席共产国际第五次大会代表报告之决议案》《对于共产国际执行委员会代表报告世界共产主义运动状况之决议案》《对于同志托洛茨基态度之决议案》《对于中央执行委员会报告之决议案》《对于民族革命运动之决议案》《对于职工运动之决议案》《对于农民运动之决议案》《对于青年运动之决议案》《对于妇女运动之决议案》《对于宣传工作之决议案》《对于组织问题之决议案》。后八个决议案的内容,主要阐明如何为革命斗争的新高潮进行思想上和组织上的准备。

大会根据章程选举陈独秀、李大钊、蔡和森、张国焘、项英、瞿秋白、彭述之、谭平山、李维汉9人为中共中央执行委员会委员。选举邓培、王荷波、罗章龙、张太雷、朱锦堂等人为候补委员,组成新的中央执行委员会。在会议的最后一天,第四届中央执行委员会举行第一次会议,决定由陈独秀、彭述之、张国焘、蔡和森、瞿秋白5人组成中央局,并决定中央领导机构的具体分工。

中共四大最重要的贡献是第一次明确提出无产阶级在民主革命中的领导权和工农联盟问题,指出:"无产阶级的政党应该指导无产阶级参加民族运动,不是附属资产阶级而参加,乃以自己阶级独立的地位与目的而参加","无产阶级是最有革命性的阶级",所以,民主革命"必须最革命的无产阶级有力的参加,并且取得领导的地位,才能够得到胜利"。并且,第一次阐明农民是无产阶级同盟军的原理，强调农民在中国民族革命中的重要地位，指出：如果不发动农民起来斗争，无产阶级的领导地位和中国革命的成功是不可能取得的。会议还对中国民主革命的内容作了较完整的规定，指出在"反对国际帝国主义"的同时，既要"反对封建的军阀政治"，又要"反对封建的经济关系"，这表明，此时党已把新民主主义革命基本思想的要点提出来了。

此外，中共四大还第一次将党的基本组织由"组"改为"支部"，规定"凡有党员三人以上均得成立一支部"，第一次称"支部"是"我们党的基层组织"；把党的最高领导人由委员长改称为"总书记"，把各级党的执行委员会的委员长也改称为"书记"，并强调必须反对和防止"左"、右两种错误倾向等。

会议结束后，全国各地工农运动风起云涌，上海发生了震惊世界的五卅运动和壮烈的第三次工人武装起义。在蓬勃的革命运动中，中国共产党的队伍迅速扩大，至中共五大召开前夕，共产党员人数由994人猛增到57963人。

中共四大闭幕后，该会址交由中共中央工农部使用，后来在"一·二八"淞沪抗战中毁于日军炮火。中华人民共和国成立后，上海市有关部门进行了长期的察访，确认东宝兴路254弄28支弄8号为四大会址。

1987年11月，上海市人民政府公布中国共产党第四次全国代表大会遗址为上海市革命纪念地点。1995年，上海市文物管理委员会在遗址处勒石纪念。2005年1月，虹口区在多伦路201弄2号"左联"会址纪念馆内举办中共四大史料展。2006年，虹口区在多伦路215号筹建中共四大史料陈列馆，并于同年7月1日对外开放。2007年10月，上海市文物管理委员会、虹口区人民政府设立中共四大遗址纪念保护标志。2011年6月，虹口区政府在四川北路1468号举行中共四大纪念馆奠基仪式。2012年完工落成。2012年4月，纪念馆被上海市人民政府公布为上海市爱国主义教育基地。8月，江泽民同志为中共四大纪念馆题写馆名。

2021年6月9日，文化和旅游部发布公告，上海市中国共产党一大·二大·四大纪念馆景区入选国家5A级旅游景区。

中国共产党第四次全国代表大会纪念馆

涂一涂

弄堂里的革命大学堂
——师寿坊

你听说过"弄堂大学"吗?你知道"弄堂大学"是从哪里来的吗?在上海,就是有着这样一座"弄堂大学",学校克服种种困难,艰难办学,吸引四方热血青年影从云集,为中国革命和建设会聚、培养了一大批杰出人才,赢得了"文有上大,武有黄埔","北有五四时期的北大,南有五卅时期的上大"的美誉。

虹口区青云路167弄,是上海大学原青岛路师寿坊遗址。上海大学前身是于1922年春创办的东南高等专科师范学校(位于青岛路青云里)。因校长假借学者名流之名办校,又携款出国,引发学潮。学生要求改造学校,请陈独秀或于右任为校长。1922年正值

师寿坊（上海大学旧址）

国共两党酝酿建立革命统一战线时期，中共中央考虑由国民党出面筹办学校更加有利，便告知学生代表请于右任担任校长。

在学生代表及于氏好友的劝说下，于右任应允出任校长，同时建议改校名为上海大学。这是一所国共两党合作创办，以共产党人为骨干，培养革命人才的新型学校。1923年初，李大钊应校长于右任之邀，推荐共产党员邓中夏到校担任校务长（总务长）并主持工作。邓中夏拟定上海大学章程，确定了"养成建国人才，促进文化事业"的办学宗旨。瞿秋白受聘担任教务长兼社会学系主任。

在邓中夏、瞿秋白等共产党人的主持下，有志于革命事业的青年，无论天南海北，纷纷来此求学。上海大学拥有强大的教师阵容，中国文学系主任为陈望道，英国文学系主任为何世桢，美术系主任为洪野。尤其是社会学系教师，瞿秋白、蔡和森、张太雷、恽代英、萧楚女、施存统等共产党内的理论精英均名列其中。同时，还聘请朱自清、田汉、俞平伯、周建人、郑振铎等到校任教。为适应学校发展，1924年2月，上大迁至西摩路132号，并在斜对面的时应里522—526号设立分部。

为了贯彻学术自由、兼容并蓄的教学方针，上海大学经常在课余举办各类讲座，延请李大钊、章太炎、胡适、郭沫若等名家学者来校演讲。及至北伐前后，上海大学实际上已经成为中国共产党领导下的一所培养全方位人才的大学。各系科学生，可按自己的志愿、时间，选定课目学习，并许旁听，故亦有工人来参加学习。因为学校性质，师生流动性很大，不时有因他处革命需要而离校的，也有转至黄埔军校或赴苏学习的。王稼祥、秦邦宪、杨尚昆、李硕勋、阳翰笙等，都是在上海大学学习并从此走上革命道路的。学生们活跃在革命运动中，而上海大学也成为反帝爱国运动的堡垒。时有"文有上大，武有黄埔"之称。

1925年2月，上海内外棉八厂举行罢工，中共上大支部派上大附中学生刘华、杨之华参加罢工委员会工作，并动员青年学生支援工人罢工，上大成为学生支援工人运动的基地。5月15日，日本资本家枪杀工人顾正红引发上海学生、工人的愤怒。5月30日，上海各大中学校学生举行示威游行，游行队伍行至南京路老闸巡捕房门前时遭到巡捕开枪射击，死伤数十人，其中上大学生何秉彝作为游行队伍的联络员，在指挥活动时中弹身亡。惨案发生后，中共中央连夜召开紧急会议，决定发动基层群众抗议帝国主义暴行，轰轰烈烈的五卅运动在上海爆发。上大与上大附中师生几乎全校出动，参加运动各方面工作，在这场规模空前的反帝爱国运动中发挥了重要作用。

五卅惨案发生后，英帝国主义非常恐惧，6月4日，租界当局以"过激"为借口，出动大批军警，以武力强占上大校舍，驱逐代理校长邵力子出租界，使师生处于栖息无所的困境。上大校舍被占，师生们不屈不挠，推选施存统、侯绍裘、韩觉民、秦治安、贺威圣、朱义权、韩步先7人组成临时委员会，设立临时办事处。教职员自动减薪，维持学校，学生留沪不散，参加各项斗争并向各界宣传。6月15日，出版《上大五卅特刊》，揭露、控诉帝国主义罪行，鼓动爱国反帝斗争。

1926年7月，代理校长邵力子在闸北复校，继续进行斗争。

上海大学从公共租界西摩路（今陕西北路）搬至闸北青云路师寿坊（今青云路167弄位置），学校在师寿坊租用15幢民房为校舍，于9月10日开学上课。于右任亦由河南来沪，与邵力子会商一切。这时，上大学生已近800人，共产党员、青年团员占半数以上，革命斗志非常高昂。

上大是弄堂大学，这样说是很恰当的。它没有校门，没有大礼堂，没有图书馆，也没有运动场。这里有两件东西最惹人注意：一是庶务课的门口挂有一大幅红布，上面贴着用各式各样纸头写的文章、诗歌、学习心得和漫画等，右角上写着"上大学生墙报"。另一件是收发室客堂里的书摊，上面摆了《向导》《新青年》合订本、《中国青年》，以及各种社科书、文艺书等，是上海书店在学校里所设。当然，这是别的大学里没有的。

上大的课堂大大小小都有，把两幢石库门房子楼上的墙壁打通，即为楼上讲堂。客厅里、厢房里摆上桌凳，就是小课堂，学生们上日文课、德文课就在这里。这些课堂设备虽然简陋，但它的利用率是极高的。白天大学用，晚上夜校用，附近工厂的工友、商店店员和街道妇女常到这里来上课、开会。青年团和济难会的会议，也常在此召开。每个晚上灯火通明，上课的上课，开会的开会，显得很热闹，常常到10时以后才熄灯。

虽然校舍极为简陋，"晨听马桶音乐，午观苍蝇跳舞"。但成百上千的学生从四面八方来到这所"革命大本营"接受教育，完成学业。

1925年暑假招生，上海大学附中与上海大学都发出通告：接收因参加五卅反帝爱国运动而被退学的学生。因而，投考上海大学的学生特别多，大都是各地"五卅"中受到革命影响的青年学生。外地学生来上海大学读书，只要和别人说青云路师寿坊第三条弄堂，别人就知道你是上大的学生了。各地被开除的学生运动骨干刘荣简（刘披云）、匡亚明、顾作霖、张崇文等和各地中共组织推荐来的杨尚昆、秦邦宪、何洛进入上大学习，在上海学生运动中发挥重要作用。

上大高年级的学生也多数在校外担任职务，有的参加上海市学联、全国学联，有的参加济难会工作。至于到各工厂区去组织平民夜校、工人夜校进行革命宣传教育的人就更多了。除了在学校附近和宝山路一带举办夜校外，还有许多学生到浦东、沪东、沪西一带去办。有的利用现成的中小学课堂，有的到工厂附近租房子来办。通过办工人夜校，上大学生和工人之间建立了良好的关系，上海工人三次武装起义之后，学生们和各个产业工会的联系更强了。

上海大学在师寿坊办学期间，中共上海区委在上大开办党校，团上海区委会临时地点也设在上大。五卅运动后，上海许多重大革命活动，都有上大师生参加并发挥骨干作用。1925年9月7日，上海10万人参加"九七"国耻纪念大会，追悼各地死难烈士，上大许多学生参加并组织领导。担任全国学总委员的李硕勋主持大会，林钧主祭。

上大师生同时也在救助五卅受害同胞、声援北京三一八惨案受害者、反对军阀孙传芳及奉鲁军南下等活动中起到骨干中坚作用。上大的爱国活动深为帝国主义和军阀政府忌恨，上大师生周水平、刘华、贺威圣先后被军阀政府杀害。1926年11月，中共上海区委要求全党在每次会议前起立静默1分钟，为烈士志哀。提出："我们将奋发勇猛地踏上已死诸同志所开辟的血泊之路，更积极地准备武装斗争，更猛烈地去扑灭敌人。"1926年12月后，中共上海区委在上大召开全市党代表大会。上海区委召开的支书会议、活动分子会议及各种重要会议，都在上大教室举行。

1927年2月，上海大学迁往江湾新校舍。1932年，上海大学师寿坊校舍在一·二八事变中被日本侵略者炸毁。为庆祝中国共产党成立100周年，加强上海红色资源传承保护，按照颁布的《上海市红色资源传承弘扬和保护利用条例》，市委宣传部、市委党史研究室、市文化和旅游局会同相关区，在重要革命遗址旧址设置纪念标识。2021年6月3日，在虹口区上海大学师寿坊遗址竖立起大理石质纪念碑，在这遗址中发生的党史故事也以黄铜二维码形式贴在纪念碑上，讲述更多红色遗址里的故事、故事里的细节、细节里的精神。

▶ 师寿坊（上海大学旧址）

涂一涂

革命的熔炉
——冠华里

中共上海区委早期党校旧址位于辣斐德路冠华里（今复兴中路239弄）4号。冠华里，是始建于1920年前后的旧式里弄，属法租界。初建时，多为单幢房子，东西两排。抗战前后又向其四周外延翻造一批式样相同的房子，有坐南朝北、砖木结构一底三层、二底三层、三底三层的楼房38幢，占地面积4.84亩。冠华里有着浓郁的海派风格和市井风情。

冠华里4号是一幢三层砖木结构的旧式石库门建筑，坐北朝南，建于1920年。三层砖木结构，一客堂一厢房，连带过街楼形制，二层厢房南向有挑出小阳台，三层退为露台。外墙水刷石仿石饰面，下接水泥勒脚，门楣饰花卉卷叶浮雕，两旁立方壁柱有凹槽，花岗岩条石门框，黑漆木门。建筑面积约206平方米。

中共四大于1925年1月11日至22日在上海召开后，尤其在五卅反帝爱国的浪潮中，人民的革命热情被极大地激发出来，党的队伍迅速发展壮大，从1925年初的不足千人，至年底增加到1万人。这些新加入的同志虽然对革命充满热情，但对革命的基本理论问题认识不足，对党的方针政策认识不深，宣传组织动员群众的能力欠缺。为此，1924年5月召开的中共第一次扩大的中央执行委员会会议就提出要"急于设立党校养成指导人才"。中共四大通过的决议也再次提出要设立党校。

1925年10月，中共中央又一次提出，要把办好党校作为一项重要的工作来抓，并明确指出，要在地委之下设立普通党校，区委之下设立高级党校。1926年2月，中共中央特别会议又做出开办最高党校的决定。1926年，中国共产党中央执行委员会第三次扩大会议通过的《上海工作计划决议案》指出："上海的同志，党的文化程度非常之低，今后上海区须注意提高党的文化程度，区委办党校党刊，各部委办高低级训练班，多召集活动分子会议及设立各种临时的委员会，都是应当采纳的方法。"

因此，为贯彻中共四大精神和后续会议精神以及加强党员干部教育的具体措施，1926年11月，中共上海区委千方百计抽调人力，落实地方，指派教员，拨出经费，于辣斐德路冠华里4号创办党校，中共上海区委党校正是在这样的背景下筹建起来的。这是党的早期思想教育基地，是中共最早的党校之一。为了保密，党校对外宣称

▶ 冠华里（启迪中学、中共上海区委早期党校旧址）

是启迪中学，门悬"启迪中学"校牌。二楼西厢房是教室，有4—5排座位，能容纳40人左右，墙上挂有黑板。西厢房最北端连接亭子间，为校部办公室，兼供文印之用。楼下即为灶间，有厕所、吃饭处。听报告在二楼，小组讨论在自己寝室。

学校的学员均为区委所属江苏、浙江及上海市区的基层党组织负责人，也有青年团干部，共30—40人，按地区分成若干个小组。学校严格规定，学员入学后不准外出，膳宿都在校内，过集体生活。

党校建有党支部，江浙区委宣传部主任尹宽（又名尹硕夫）任校长兼校党支部书记，组织委员由宁波地委组织部部长王嘉模兼任，尹宽秘书梁子修兼任会计和庶务。

尹宽是安徽桐城县石南（今吕亭镇）雪池村人，与蔡和森、蔡畅、李维汉、向警予等人一起赴法勤工俭学。在法期间，他参与留法勤工俭学学生二二八运动等三次斗争，后与周恩来、赵世炎、陈延年等组建旅欧共产主义组织和旅欧中国少年共产党，连续两次当选为旅欧少年共产党中央执行委员会委员，主编《共产主义研究》。后被中共旅欧党组织选送到苏联莫斯科东方大学继续学习。中共上海区执行委员会成立后担任过书记。

党校的教员均为中央及上海区委的领导人，如周恩来、罗亦农、王若飞、彭述之、瞿秋白、赵世炎、郑超麟等。根据当时的斗争需要，瞿秋白讲授的是"中国劳动运动与我党的发展"。课程设中国现代革命史、中国革命问题、政治经济学、世界革命史等。周恩来、罗亦农、赵世炎、侯绍裘、汪寿华等人常来此开会碰头。

1926年8月，中共上海区委根据中央军委指示，在上海建立工人武装，准备举行一次民众暴动，打击军阀孙传芳势力，迎接国民革命军北伐。中共上海区委以基层工会中的工人纠察队为基本力量，但他们大多数人都不会使用枪械，所以党指派一批有政治觉悟又有一定枪械知识的同志为教官，秘密进行武装训练。第一步先训练各区和重要产业的负责人，冠华里就有一个训练点，主要训练法商电车、电灯、自来水公司的工人纠察队员。罗亦农、赵世炎等经常深入这个点指导活动。

1927年2月，党校提前结束。学员们在党校过完春节后，赴新的岗位工作。2月17日，北伐军攻下了杭州，进占嘉兴，直逼上海。直系军阀孙传芳的军队连吃败仗，不得不从上海撤军，由直鲁联军接替，上海政权摇摇欲坠。中共上海区委认为时机成熟，决定举行第二次武装起义。上海总工会经代表大会决定，于18日晚发出总同盟罢工令，随即发表罢工宣言和经济要求17条。总同盟罢工令得到上海工人的一致响应。19日参加罢工的人数达15万人，之后增至36万人以上，罢工的范围遍及上海各行各业。

上海防守司令李宝章，联合租界帝国主义反动势力，对罢工进行残酷镇压。反动军警沿街追捕、杀害散发传单和街头演讲的工人、学生以及无辜群众。白色恐怖笼罩着整个上海。面对反动当局的暴行，罢工工人忍无可忍。2月19日，工人举行罢工的当天晚上，瞿秋白与萧三（萧子暲）一起接受共产国际工作人员曼达良、阿尔布列赫特、纳索诺夫、福京等的召见，汇报上海工人第二次武装起义等情况。

上海工商学各界和共产党、国民党代表于22日成立"上海市民临时革命委员会",当天下午4时,中共上海区委发出特别紧急通告,动员上海市民在傍晚6时暴动,中共上海党组织决定由罢工转为武装起义。由此,上海工人发起了第二次武装起义。两艘起义的军舰奉命向敌人的高昌庙兵工厂开炮,起义的炮声一响,各区工人纠察队立即袭击军警,与敌人展开巷战,夺其武装。

杨树浦区的工人群众,面临白色恐怖,召开了近万人的示威大会。有个绰号叫"小滑头"的工贼,向敌人告密,致使工人领袖刘华等人被捕,罪恶昭彰,民愤极大,当场被工人捉住,经群众公审,立即处决。当天瞿秋白也不顾身体虚弱,赶往辣斐德路冠华里4号上海区委党校,即第二次工人武装起义指挥部和联络处,参与领导起义工作。当天的下半夜,周恩来也赶到指挥所了解暴动情况。

上海工人第二次武装起义达到了高潮,市内战斗激烈,但在迫切需要北伐部队援助的时候,蒋介石却隔岸观火,命令进军嘉兴的北伐军白崇禧部停止进攻上海,钮永建方面也按兵不动,袖手旁观,致使上海工人武装失去外援,陷于孤军奋战的困境。为了避免更大的牺牲,上海市临时革命委员会决定立即停止第二次武装起义,武装起义被迫中止。

在这次起义中,上海工人武装死亡40余人,被捕300余人。2月24日下午,工人被迫复工,第二次武装起义没有获得成功。但它为举行第三次更大规模的工人武装起义积累了经验。自此,党校就停止了活动。党校存在时间虽然只有短短半年,但从这里走出来的学生有许多都成为革命队伍中的骨干和领导者,它"红色熔炉"的作用功不可没。

中共上海区委早期党校旧址于 2007 年 12 月被卢湾区公布为不可移动文物。2020 年起，由黄浦区委宣传部牵头，启动了中共上海区委早期党校旧址的修缮保护工作。2020 年 10 月 15 日，旧址建筑平移工作完成。2021 年 4 月底，修缮施工完成，旧址修旧如旧，还原了历史原貌。中共上海区委早期党校旧址二楼还原了党校的教室、教师办公室和学员宿舍等场景，教室可供党课教学使用，团体参观者可以通过提前预约，来此开展党课学习。为了让参观者更深入了解黄浦红色资源、红色文化，一楼的"阅读红色黄浦"临展也同步与参观者见面。6 月 25 日，"革命熔炉"——党的理论教育基地中共上海区委党校旧址史迹陈列向公众试运营开放。

2021 年 6 月 29 日，为充分利用好上海的红色资源、传承好红色基因、发扬好红色传统，讲好党的故事、革命的故事、英雄的故事，上海市文化和旅游局公布了《上海市第二批革命文物名录》，中共上海区委早期党校旧址列入其中。

冠华里（启迪中学、中共上海区委早期党校旧址）

涂一涂

出鞘的红色之剑——肇庆里

中共中央特科机关遗址位于黄浦区山海关路、成都北路路口东北角（原山海关路 168 弄肇庆里 17 号），是一幢三底三层砖木结构建筑。1931 年，这里成为中共中央特科机关。

1929 年春，陈云来到上海后，继续进行党的活动，与敌展开尖锐斗争。他要和许多来来往往的同志联系，若有一个固定的联络点、有一个会见的场所是最好不过的。可是在上海这个白色恐怖的恶劣环境之下，这确是一个难题，尤其是居住问题更难解决。有次，陈云和李伟基说想办一个小型印刷所，有了这小印刷所，既可解决住所问题，有些需要印件也可自己来印刷，免得东找西问地去央求别人，做印刷跑街也有很多方便。

李伟基是李桂卿的弟弟，陈云在白色恐怖之下难以进行革命活动时，曾到浙江嘉善李桂卿家里暂时隐蔽。为了避免四邻注目猜疑，佯称是李家亲侄，因病失业到嘉善来调养暂居，化名为"李介生"。李伟基当时正在上海星星印刷所当工人，陈云来上海后，经常来星星印刷所。陈云为了利用这里作为活动据点，便介绍了一些印刷业务给该印刷所，又托认识的美新卡尼公司余连芳代印刷所开了一个银行往来户，老板梁雷生对陈云很有好感，热情对待，于是陈云自由出入星星印刷所，暂把该所作为一个临时联络点。

1930年，李伟基用陈云交给他的300元购置了两部小型印刷机和一些应用的工具设备，并租用原山海关路168弄（肇庆里）17号的一间统厢房，设立印刷厂，陈云取名"新生印刷所"，寓意党的新生力量。新生印刷所成为党的活动场所，也是党的机关。陈云名义上负责印刷所的内务，实际搞的是党的活动。

陈云对外用"李介生"的化名，李伟基做具体业务，同时还雇了一名青年职员，收了一名学徒王百益。平时陈云身穿长褂，外套一件短背心，头戴一顶红帽子，俨然一个账房先生。新生印刷所对外公开业务是承印红白帖子和名片传单之类印件。就这样，陈云对外就"大模大样"地做起这个假老板来了。

新生印刷所的二房东在新闸路他浜桥大通路口开设大新南货店，住在山海关路肇庆里17号，房屋很宽敞，是三间两厢房，租给新生印刷所一间统厢房。陈云等人将这间统厢房分隔为三间，前间是小印刷所，放置印刷机，中间是陈云同志办公室和卧室，后间

肇庆里（中共中央特科机关遗址）

是李伟基夫妇卧室。印刷所还装了电话。

表面上陈云和李伟基夫妇都是做生意的商人，和二房东的关系也搞得很好，因为他们在成都路开了一家裕大南货店，彼此是同行，经常也有些行业联系。所以陌生人进出，都很随便，二房东也不注目。后来，来来往往的人多了，来联系接头的人也更多了，于是又装了"三三五八兰"电话，但知道这电话号码的也只有少数几个人。

新生印刷所承接的业务，都是些婚丧喜庆的红白帖子和名片传单之类的零星印件。唯有一次印的是党内急件，就是叛徒顾顺章之事。

1931年4月25日，时任中共中央政治局候补委员、长期参与领导中央特科工作的顾顺章在武汉被捕叛变。他掌握很多党内核心机密，了解只有极少数人才知道的中共中央机关和中央领导人住址以及党内的秘密工作方法，因此该事件给上海的中共中央机关和中央领导人的安全带来极大威胁。顾顺章在武汉被捕后甘心投敌出卖党组织，他很快供出了中共驻武汉的交通机关、鄂西联县苏维埃政府及红二军团的驻汉办事处等重要机密，导致十余名革命战士被捕被杀害。在此严峻形势下，如不及时获知顾顺章已叛变的消息，将给党中央的安全带来严重的后果。

就在此时，在南京国民党中央组织部调查科办公室值班的机要秘书、中共地下党员钱壮飞接到了国民党武汉行营主任何成濬接连向办公室发出的几封特急绝密电报，内容是关于顾顺章被捕叛变及将其押解至南京面见蒋介石。钱壮飞迅速通过他的女婿刘杞夫告知了李克农，李克农在无法及时同中央特科取得联系的情况下，将这一情报第一时间转告了陈云，随后中共中央即命周恩来、陈云等紧急处理此事。

在陈云等人的协助下，党组织迅速采取措施，一方面销毁机密文件，迅速组织人员和机构转移，切断顾顺章所能利用的所有重要线索，改变秘密工作方法；另一方面决定由新生印刷所制版翻印顾顺章照片，分发给领导负责同志和各地组织，张贴四处，以引起党内同志关注，避免更多的党组织遭到破坏。由于处置妥当，除部分来不及搬迁的党政机关及领导人被破坏或被捕外，大部分主要的中共中央和江苏省委机关及领导人得以在国民党大搜捕前顺利转移，等敌人动手时，他们基本都扑了空。

由于新生印刷所及时完成这项任务，因此在保卫党组织以及党的各级领导和干部方面，新生印刷所作出了一定的贡献。

顾顺章叛变给中共带来的打击是致命的，尤其是中央特科的工作不能正常进行，之前在国民党内部建立起来的隐蔽关系也全部失效，如此一来中共便失去了与敌人作斗争的预警机制。面对这样大的困境，1931年6月10日，周恩来主持中共中央政治局会议通过了《中央审查特委工作总结》，称顾顺章叛变是特委工作的失误，尤其是特委本身政治教育的缺乏，成为特委基础不能巩固的历史病源。

中央决定重新改组特科组织，由周恩来、陈云、康生、潘汉年、邝惠安重新组成新的中央特科工作委员会。向忠发（时任中共中央总书记）被捕叛变后，陈云接替周恩来成为中央特科实际负责人，以印刷所为掩护，领导中央特科开展秘密工作，新生印刷所由此成为中共中央特科机关。

陈云执掌特科后，首先对中央特科的组织原则和工作方法进行了改革和完善。在组织上，隐蔽战线的斗争要求队伍尽可能的精干，虽然之前中央对此也有规定，但由于经验不足，特科组织并没有同其他党内组织严格隔离，这就导致隐秘工作和公开工作、党内工作和党外工作穿插混乱。为此，陈云要求已暴露身份的李克农、陈赓等人撤离上海，同时将原来的特科组织进行精简，改由陈云兼任第一科科长，潘汉年兼第二科科长，康生兼第三科科长，撤销四科。此外，他还将本应属中央直接领导的通讯交通科交由中央秘书处管理，这样就分流了一大批地下工作人员，保证了特科工作的顺畅。

在这座不起眼的印刷所内，曾召开过两次党的秘密会议，参加会议的有周恩来、陈云、秦邦宪（博古）的弟弟秦邦礼和康生。恽雨棠从苏联回上海，要租屋居住，新生印刷所出面作担保，解决了恽雨棠的住所，使他们能够顺利开展党的工作。

为了保证特科工作的绝对隐蔽性，陈云还要求一切工作人员必须用真实的职业作为掩护，公开的业务则请一些可靠的革命同情者来做。陈云先后在上海各地区请一些同情革命的人士（非党员或特科人员）出面开办了二三十个店铺，通过"开铺子做买卖"的方式，将机关或接头地点可能面临的危险扼杀于萌芽之中。陈云后来回忆，当时有的机关如山海关路肇庆里17号的新生印刷所甚至从来没有被破获过。一名国民党的特务事后也回忆，中共实行新的隐蔽策略后，他们在共党中所建立的线索一下割断了，他们只知道共党的地下组织已经变了，但是怎样变、何人负责、机关设在哪里等，一切具体情况，他们茫然无知。

1933年初，在党中央迁往苏区后，新生印刷所彻底歇业。后来原建筑在城区改造中被拆除，该地块改建为高档住宅小区。

为庆祝中国共产党成立100周年，加强上海红色资源传承保护，按照颁布的《上海市红色资源传承弘扬和保护利用条例》，市委宣传部、市委党史研究室、市文化和旅游局会同相关区，在重要革命遗址旧址设置纪念标识。2021年6月3日，在黄浦区仪式点，区委书记杲云为"中共中央特科机关遗址"纪念标识揭幕，遗址竖立起大理石质纪念碑，在这遗址中发生的党史故事也以黄铜二维码形式贴在纪念碑上，讲述更多红色资源里的故事、故事里的细节、细节里的精神。

▶ 中共中央特科机关遗址纪念碑

涂一涂

白色恐怖下的红色中枢
——"福兴"商号

在位于黄浦区云南中路临近福州路口的闹市区,有一幢并不起眼的钢筋混凝土白色小楼,这是一幢坐西面东的沿街楼房,建筑面积214.14平方米,紧邻福州路上的天蟾逸夫舞台。云南中路171—173号(原云南路447号),在20世纪二三十年代的时候,这幢房屋的一楼是一家私人诊所"生黎医院"所在地,二楼则是中共六大以后党中央政治局机关所在地,这里也是中共中央在上海期间使用时间最长、到过的领导人最多的一处机关旧址,被称为白色恐怖下的红色中枢,从1928年到1931年,长达3年安然无恙。

1927年,第一次国共合作破裂,大革命失败,许多共产党员

▶ "福兴"商号(中共中央政治局机关旧址)

和革命群众遭到逮捕和杀害，中国革命暂时处于低潮。中共中央在武汉召开了八七会议，确立开展土地革命和武装反抗国民党反动派的方针。不久，中共中央领导人陆续从武汉迁回上海。面对大革命失败后的严峻形势，摆在党中央面前的紧迫任务是尽快恢复和整顿党组织，建立中央及地方各级组织机构，扭转组织涣散、思想混乱的局面。

据中共六大的不完全统计，从1927年3月到1928年上半年，被杀害的人民群众有31万余人，其中共产党员有2.6万余人，而上海的共产党员由8000多人锐减到1000多人，党组织受到严重破坏。正如周恩来在中共六大作关于组织问题的报告时所说，"中国的白色恐怖可以说是全世界历史上所绝无而仅有的残酷"。

摆在中央面前的，首先是要寻觅到极安全的地方，供开会和办公之用。经审慎考虑，周恩来指派熊瑾玎在上海物色中央政治局办公场所。因其富有理财经验、善于交友，党中央分配他担任中央机关的会计，主要任务是筹集和管理经费，建立中央政治局开会的秘密机关和中央同各地联系通信的地址。熊瑾玎接受任务后，以商人身份四处找房，最终在公共租界沪中区四马路（今福州路）云南路口寻到一处合适的房子，可供设中央政治局机关。

房子的门牌号是云南路447号，地处闹市中心，紧邻四马路，隔壁是天蟾舞台，每天傍晚演出期间，人声嘈杂，楼下是二房东西医周生来开设的生黎医院，诊所门面装有铁门，里面有外科、内科，外科设在南面，有屏风隔开，有许多人前来求医问药。往来人员众多，隐蔽性强，这反倒不易引起敌特警觉。来人可从一楼诊所进入，或从汕头路一条不为人注目的小弄堂进入后门，直接从扶梯上二楼，还可由天蟾舞台西侧楼梯上二楼，不必经过生黎医院，是一处险中求安、闹中取静的好地方。

二楼有三间，可做中央政治局开会的场所。熊瑾玎将生黎医院楼上三大间都租了下来，根据周恩来提出的白区工作要坚持社会化和职业化的原则，为了掩人耳目，他在房门前挂出一块"福兴"商号的招牌，对外声称自己是经营湖南土布的商人。熊瑾玎的夫人朱端绶以老板娘的身份进入机关，协助政治局完成部分内勤事务。在白色恐怖下，谁能想到，在隔壁戏楼的曲艺声里，在一楼诊所的喧闹熙攘间，这个不起眼的"福兴"布庄居然是敌人"踏破铁鞋无觅处"的中共红色中枢。

为了确保机关的安全，熊瑾玎夫妇对工作极为细心，防范十分周密，平时会在窗口或门口以挂篮子等方式作为联络警示信号。熊瑾玎以商人身份，在机关内忙于接洽各种经营业务，与各界人士周旋。他还与毛泽民、钱之光等经营其他生意，而经营的收入都作为党的活动经费。朱端绶也身负责任，要跑交通、洗印抄送文件，在开会时承担烧开水、做饭等事务，还时时要关注着周围环境的动态，以防不测，外出送文件时也特别小心，有时还将文件藏在小孩尿布里。

当时中央政治局和政治局常委会会议几乎都在这个机关内召开，开常委会人少用一间，政治局扩大会人多，两间房子都用上。会议的内容都是事先定好的，都是些带有全局性的重大事项，如工人运动、国内形势、经济问题、应对局势的策略、方针及工作方法等。当时，二楼一间房内靠西的窗下放有一张小桌子，开会时，担任中共中央秘书长的邓小平就在小桌子上记录。

1928年秋到1931年4月，周恩来、项英、瞿秋白、李立三、彭湃、邓小平、李维汉、李富春、任弼时、邓中夏等经常到这里开会研究工作，商议和决策一些重要问题。周恩来经常打扮成商人模样来到机关办公，听取汇报、布置工作，并对机关工作表示满意。邓小平除了出席政治局会议之外，还具体领导机关的日常工作。中央对各地红军发出的重要指示，中共六届二中全会、三中全会的准备工作，均在此讨论酝酿。在这里发出中央文件一百多份，指导全国革命的开展。当年前来这里出席政治局或政治局常委会会议的人员，还有向忠发、黄文容、徐锡根、关向应、罗登贤、温裕成等。杨殷、陈康、邓颖超、龚饮冰也经常来这里，著名的"九月来信"就是从这里发出的。

1931年4月下旬，中共中央政治局候补委员、中央特科负责人顾顺章被捕叛变。打入国民党内部的中共特科人员钱壮飞截获此绝密电报后立即报告中央，周恩来获悉后，立即采取果断措施亲自部署，指示接任党中央秘书长的黄文容及时通知熊瑾玎夫妇搬迁出去，党中央机关得以及时安全转移，熊瑾玎、朱端绶将文件等安全转移到别处，使党中央机关免遭重大灾难。在他们搬走三天后，就有人来问楼上住的人家情况，但是扑了一个空。

1946年，因同国民党举行谈判，周恩来来到上海，住在马思南路107号（今思南路73号）周公馆。他见到为准备《新华日报》在沪发行的熊瑾玎夫妇后非常高兴，并对他们说："你们应去看看当年的旧址，拍些照片回来，这次不去，不知何时能再来上海。"还特地嘱咐周公馆的祝华驾车陪同他们前往旧址。熊瑾玎夫妇来到旧址，遇见了当年几户老居民，互送了一些礼物。祝华特意为他们俩在旧址屋内和门口摄影留念，这些照片，朱端绶视作宝贝很好地珍藏着。

1966年元旦，周恩来在一份有关熊瑾玎、朱端绶夫妇俩历史状况的信件上批注证明："……在内战时期，熊瑾玎、朱端绶两同志担任党中央最机密的机关工作，出生入死，贡献甚大，最可信赖……"

1928年4月至1931年4月，这个城市中心的红色中枢见证了中国革命风云变幻的三年，中共中央政治局机关在这里的三年间，经历了八七会议后的临时中央、六大召开时的留守中央和六大后的中共中央政治局三个阶段。周恩来、邓小平、李维汉、瞿秋白等中央政治局委员在这里工作，中央政治局很多重要会议在这里召开。

坚守上海的党中央，在白色恐怖的形势下，领导了最为艰苦的革命斗争。恢复发展党的组织，加强情报保卫工作，指导根据地建设，确立政治建军的根本原则，领导左翼文化运动，带领中国革命在艰难探索中曲折前进。这里是中共中央政治局在上海期间，使用时间最长的机关，是中国共产党领导新民主主义革命历程中十分重要的历史阶段，展现了中国共产党人不畏艰难、砥砺前行、历经曲折、牺牲奉献的革命斗争精神。在这里，中国共产党人用他们的胆识与智慧书写了中国革命重要的一页。

1980年8月26日，中共中央政治局机关旧址被公布为上海市文物保护单位。2018年6月,为深入推进"党的诞生地发掘宣传工程"专项行动,由黄浦区委宣传部牵头,启动了中共中央政治局机关旧址(1928—1931)修缮保护工作。遵循修旧如旧的原则,对旧址实施了保护性加固和还原性修缮。

  如今,百年旧址重展昔日风采,历史建筑风貌恢复如初,中共中央政治局秘密办公地的历史身影得以再现。"白色恐怖下的红色中枢"史迹陈列展运用沉浸式影片、历史图文、实景还原、情景互动等手段,围绕腥风血雨中重回上海、革命在低潮中奋起、出生入死忠诚守护三部分内容展开。展陈充分结合旧址建筑空间特点,一楼运用投影和电子屏幕打造沉浸式的观展形式,叙事手法生动;二楼实景还原机关原貌,设置情景互动增加观展多样性体验,将为参观者呈现一个可看性、参与性较强的观展空间。

中国共产党代表团驻沪办事处纪念馆（周公馆）

涂一涂

军史丰碑地
——经远里

新闻路613弄12号（原新闻路经远里1015号）是一幢砖木结构、坐北朝南的旧式石库门里弄住宅，建于1917年。1928年至1929年，这里是中共中央军委机关所在地，也是彭湃烈士在沪的革命活动地。

1927年4月12日，以蒋介石为首的国民党新右派在上海发动反对国民党左派和共产党的武装政变，大肆屠杀共产党员、国民党左派及革命群众，宣告国共两党第一次合作失败，导致国民革命中途被迫夭折，成为国共十年内战的开端。四一二反革命政变使中国大革命受到严重的摧残，标志着大革命的部分失败，是大革命从胜利走向失败的转折点。白色恐怖瞬间笼罩中国大地,新生的中国共产党面临严峻考验。

在四一二反革命政变后,中共江苏省委多次遭到敌人破坏,省委负责人陈延年、赵世炎、罗亦农、陈乔年等先后牺牲。为了加强对江苏省委的领导,1929年2月,中共中央决定改组江苏省委,中央决定派中共中央农委书记彭湃任江苏省委常委、省军委书记。彭湃,广东海丰人,1921年从日本留学回国后参加革命,创办农会。1924年加入中国共产党,参加了著名的八一南昌起义。八七会议后,领导了广东海陆丰农民起义,建立了海陆丰苏维埃政府。

时任中央军事部部长的杨殷,决定调中央军委秘书、曾任彭湃属下团长的白鑫担任彭湃的秘书。当时,白鑫以租客身份住在沪西区新闸路经远里1015号,彭湃来沪后的办公地点就设置于此。亭子间作为办公室兼寓所,室内有一张小铁床、一只煤油炉、一张简陋的桌子和两把椅子,前楼是开会和联络的地方。这里便成为中央军委、江苏省委军委的一个重要联络点,周恩来、杨殷、彭湃等军委领导人,经常在此秘密开会。

彭湃在经远里1015号居住和工作了半年时间,在这期间,他经常深入党的基层组织参加会议,调查研究基层党组织存在的问题。彭湃提出当前形势下要加强党的思想和组织建设的建议,党中央对此很重视,曾专门组织党内有关同志对彭湃的建议进行讨论。也就在这间亭子间里,彭湃认真总结了自己从事农民运动的经验,写下了《雇农工作大纲》,分析了资产阶级民权革命和农民运动的关系,提出了划分农民成分的标准,强调了无产阶级对农民的教育

▶ 经远里（中共中央军委机关旧址）

问题。在彭湃的努力下，江苏省委的工作逐步恢复，全省的党员达20020人，其中上海1300人。基层党支部达1182个，其中上海143个。上海的党组织设立了沪东、沪南、沪西、闸北、沪中、吴淞、浦东7个区委。

1929年7月，中央决定将彭湃调回中央农委工作，彭湃将手中的工作一一进行移交。8月24日下午4时许，中央军委、江苏省委军委在白鑫家中召开联席会议，与会者除彭湃外，还有中共中央政治局候补委员兼中央军事部部长杨殷，中共中央军委委员、江苏省委军委秘书颜昌颐以及中央军委兵士科科长、江苏省委军委委员邢士贞和上海总工会纠察队副总指挥张际春，周恩来因故未能到会。

当几人摆开麻将，正准备以打麻将为掩护开会时，公共租界工部局巡捕房的数辆红皮铁甲车突然呼啸而至，随后一群荷枪实弹的武装巡捕、军警从车上跳下，把经远里团团包围，一伙人拿着枪直奔1015号破门而入。因事发突然，后门和弄堂路口又有重兵把守，根本无法撤离，彭湃、杨殷等5人当场被捕，押在新闸捕房。8月26日，巡捕房将彭湃等人引渡到国民政府上海市警察局，关押在小北门水仙庙侦缉处拘留所，并很快开庭审讯。由于身份已被叛徒指认，彭湃等便无所顾忌，决定在狱中开展公开的斗争。彭湃在敌人审讯时慷慨陈词，从组织海陆丰农民运动起一直谈到创建苏维埃政权的斗争，痛斥反动派的罪行，说得敌人瞠目结舌，如坐针毡。

对于彭湃等人被捕，中央得知消息后极为震惊，中央特科从敌特机关如此准确地掌握中央军委开会的时间、地点，并拿着名单准确无误地捕人，判断肯定是内部出了叛徒。中央特科派遣潜伏在敌特机关内部的地下党员杨登瀛很快查明叛徒就是白鑫。党中央立即向在沪党员发出警报，并指示周恩来率中央特科不惜一切代价进行营救。周恩来连夜亲自主持中央特科紧急会议，特科各负责人都被召集参加。经过研究，决定了两大紧急任务：一是千方百计营救彭湃、杨殷等同志；二是一定要找到白鑫的行踪，尽快制裁，以绝后患。

当从内线那边得知敌人准备于 8 月 28 日清晨将彭湃等人转押至龙华淞沪警备司令部的确切消息时，周恩来决定在枫林桥附近劫车营救，他下令特科所有会打枪的人全部出动。1929 年 8 月 28 日天刚蒙蒙亮，在通往上海龙华淞沪警备司令部的路上，化装成各色人等的中央特科队员隐蔽在行人中间准备拦截囚车。党组织派人把枪装在小皮箱内，用机器脚踏车送到同孚路的特科机关，可惜因为枪支运来迟了，来不及擦油，误了时机。如果在那种情况下冒险投入战斗，可能造成很大伤亡，周恩来忍痛改变计划，下达了撤离的命令。唯一一次押解途中武装解救的机会，因错过时间而失败。

被引渡至龙华淞沪警备司令部监狱后，彭湃、杨殷等因身份暴露，自知必死无疑，他们就抓紧一切机会在狱中积极宣传党的主张和思想，揭露国民党反动派镇压工农的罪行，宣传共产党的革命主张。每每说到激动处，还齐唱《国际歌》，引得囚犯和进步看守士兵高呼口号和之。有些久闻彭湃大名的人，闻得彭湃在此，均争相来看。还有几个识得彭湃的人，均以旧时相识为荣。

在生命的最后关头，彭湃等人将个人生死置之度外，他们想的是党的事业,是一起被捕的其他同志的安全。他与杨殷联名给党中央写信,表达了准备牺牲的决心。信中说:"我们已共同决定临死时的演说词了,我们未死的那一秒钟以前,我们努力在这里做党的工作,向士兵宣传,向狱内群众宣传。同志们不要为我们哀痛,望你们大家努力。"信中还要求设法营救没有暴露身份的同志,并嘱咐自己的爱人要"为党努力"。短短数语表达了彭湃等人的崇高品质,表现了共产党人对真理的信仰和对党的忠诚。

1929年8月30日行刑前,彭湃乐观地在墙壁上画了一条龙,说自己快要"飞龙升天",杨殷也坦然笑说"朝闻道,夕死可矣"。彭湃等人慷慨地向群众和士兵赠言,他们神态自若地唱着《国际歌》,高呼"中国红军万岁!""中国共产党万岁!"等口号,从容地走向刑场,用生命履行了自己的誓言。英雄长眠,浩气永存。得知彭湃等人牺牲的消息后,中共中央立即发布《告人民书》沉痛哀悼烈士,并专门设立彭杨军事政治学校,以志纪念。11月11日,趁叛徒白鑫欲赴南京"戴罪立功"之机,周恩来、陈赓指挥的中央特科"红队",在白鑫窝藏的范争波公馆外将其击毙。

中共中央军事委员会和相应机构,是中共中央领导军事工作的重要机关,跟随中共中央在上海活动。在尖锐复杂和险恶的环境中,中央军委对武装工农、举行起义、创建人民军队、指导红军建设等重大问题进行了艰辛探索,中共中央军委机关旧址也见证了周恩来、杨殷、彭湃等革命元勋的光辉事迹。中国共产党对军事斗争的早期实践与探索,淬砺了人民军队的忠勇品格,根植了人民武装的红色基因,为人民军队的发展壮大积累了宝贵经验。

1962年9月7日,中共中央军委机关旧址(彭湃在沪革命活动地)被上海市人民政府公布为上海市文物保护单位。2002年4月27日,被调整为上海市纪念地点。2014年4月4日,重新公布为上海市文物保护单位。2019年8月,静安区委对建筑整体进行抢救性保护修缮。2019年12月27日,中共中央军委在上海(1925—1933)史料陈列展开展。2021年5月10日,中共中央军委机关旧址纪念馆正式开馆。

作为全市"一馆五址"第一个正式开馆的场馆,作为上海市实施"党的诞生地发掘宣传工程"重点推进工程之一,也是静安区深化红色文化资源发掘保护工作的重点工程,中共中央军委机关旧址纪念馆展览面积192平方米,以"风雨经远里,军史丰碑地"为主题,通过图文、实物、视频、音频等多种形式,讲述了中央军委自成立至1933年1月离开上海向苏区转移的近8年间的历史变迁,展示了中国共产党在军史上筚路蓝缕、披荆斩棘、波澜壮阔的伟大征程。

➤ 经远里（中共中央军委机关旧址）

涂一涂

红色电波从这里起步——福康里

中国共产党的红色通信是从哪里起步的？中国共产党第一座电台诞生在哪里？谁造出了中国共产党第一台无线电收发报机？这些问题的答案都可以在上海找到。上海，是红色通信起源地，党的通信事业从上海起步。上海市静安区延安西路420弄（原大西路福康里）9号，是一栋三层楼石库门住宅。这里就是中共中央第一座无线电台旧址，在这里研制出中国共产党第一台收发报机，建立第一座秘密电台，创办中国共产党第一所无线电培训班，编写出第一本密码。

1927年大革命失败后，共产党遭到国民党反动派的残酷镇压，被迫转入地下斗争。中共六大以后,全国革命形势有了新的转机,随着工农红军队伍不断地发展壮大,革命根据地雨后春笋般建立起来,国统区的党组织也逐渐得到恢复和发展。全国建立了 15 块革命根据地,有 10 万正规红军,但是这些根据地和红军被国民党军队围剿、分割和封锁在不同的区域,单单靠交通人员传递信息已无法满足联络通信的需要,为了加强领导,设立无线电台成为当务之急。于是,中共中央决定在上海建立秘密电台,一面抽调毛齐华等一批留苏学生进国际无线电训练班学习,一面派人在国内学习无线电通信技术。1928 年 10 月,为确保这项工作的顺利进行,周恩来找中央特科负责交通的李强和地下党员张沈川谈话,要他们克服一切困难,学会无线电通信技术,以适应革命形势发展的需要。

李强时任中央特科交通科科长,曾就读于上海东华大学土木科。1925 年加入中国共产主义青年团,同年转入中国共产党。1927 年 5 月,中共中央军委特科在武汉成立。周恩来、顾顺章将李强调入中央特科,任特务股股长,兼办中央交付的其他特殊任务。

李强是学土木工程的,没有学过无线电。而且他入党以后,先是做群众工作,后来做军委工作。国民党反动派对无线电设备控制很严,书店也没有与此有关的中文书籍,李强颇感为难。周恩来鼓励他说:没有中文的书,可以看英文的,你的英文基础不错,完全可以自学。在周恩来的信任与鼓励下,李强当即表示,既然中央已经决定搞无线电,又把任务交给自己,自己就边学边干,全力以赴。

李强立即以无线电爱好者的身份,同在上海经营美国无线电器材的亚美公司和大华公司的商人交了朋友,并从他们那里购买了所

▶ 福康里（中共中央第一座无线电台遗址）

需的零件材料、发电机和其他材料，以及许多有关无线电方面的书刊，开始夜以继日地学习。李强参考国外无线电杂志上的线路图，自己动手尝试组装收发报机。1929年春末，李强成功组装了第一台无线电收发报机。

张沈川原是广州中山大学文学院的学生，时任上海法南区委所属法租界党支部书记。之前也没有深入接触过无线电相关的知识，有次他凑巧在报纸上看到上海无线电学校招生广告，他就化名"张燕铭"跑去报名，这时他才知道办班单位居然是国民党第六军电台。他考入了上海无线电学校，刻苦地学习六七个月，掌握了收发报技术。老师们见他操作比较熟练，为人老实可靠，便时常要他代班。学习期满后，学校让他在第六军电台实习。实习期间，张沈川利用几次深夜代班的机会，抄下敌军的密码表，交给组织。后来，他离开了第六军电台，同李强一起继续研究、学习无线电技术。

1929年下半年，在筹备秘密电台的同时，中央还从各地抽调了10名青年党员来上海学习收发报技术。为了安全，他们都选择分散居住，由李强和张沈川以家庭教师的身份，分头上门授课。当时的教学条件十分艰苦，学员们的学习用具往往只有一个电键、一个蜂鸣器和一块干电池，再加上几张纸和两支铅笔。两个人轮流，一个人发，一个人收，"嘀嘀嗒""嗒嗒嘀"，天天都是这样练，十分单调。在这样的条件下，学员们抱着不畏艰苦的革命精神，基本上学习四五个月就可以上机工作了。同时在巨籁达路四成里12号（今巨鹿路391弄11号）成立了上海福利电器公司工厂，让学员以工人的身份在工厂里学习无线电收发报机的组装。

经过一年多的努力，1929年秋，李强和张沈川两人终于在位于上海英租界大西路福康里（今延安西路420弄）9号的石库门里成功组装了第一部电台，建立了中共中央第一座秘密电台。中共中央第一座无线电台在上海的设立，标志着中国共产党跨入了无线电通信时代。

该电台由李强负责机务，张沈川负责收发报。在这里工作的还有蒲秋潮、黄尚英等人。为熟练掌握收发报技术，他们分别在楼上和楼下相互练习发报收报。在当时没有联络对象的情况下，张沈川每天夜间抄收柏林、旧金山等电台的国际新闻，研究编制密码的方法，还用业余无线电台的频率和呼号进行呼叫，与其他业余电台进行联络。为了确保秘密电台的安全，工作人员规定了严格的纪律，不准随便同外界接触。

福康里的房屋是新建的，靠近英国兵营，这幢石库门三层楼房的房客是张沈川与"女主人"蒲秋潮，左邻是空着的，这对他们的工作比较便利。为掩护工作，便于隐蔽，蒲秋潮和张沈川扮作夫妻出双入对。

当时由于电台功率较小，广西百色等偏远革命根据地的信号必须经由香港转发。1929年底，李强和黄尚英带着自制的电台和自编的密码从上海到香港，在香港九龙开设了分台。1930年1月，上海、香港两台通报成功。经香港分台的转递，在上海的党中央和江西中央苏区开通了无线电联系，周恩来亲自编了一本称为《豪密》的密码，由任弼时带往江西苏区，用于苏区中央局与在上海的党中央联系之用。从此，红色电波传播千万里，中共中央和各个革命根据地建起了一条条空中连线。

在白色恐怖笼罩的上海，要使一座秘密电台长期隐蔽下来是非常不容易的。当时为了破获秘密电台，国民党的特务同租界巡捕房一起相互勾结，将定向测试电台装在汽车上，每天晚上在马路上兜圈子，侦察秘密电台的方位。冯玉祥、阎锡山设在上海的秘密电台先后被特务侦破。为了能使中共的秘密电台生存下来，收发报工作都在周围居民入睡后的深夜进行，报务人员的起居生活严格遵守组织纪律，深居简出，基本上断绝了同社会上的联系。

1930年2月，福康里电台的隔壁开设了一家妓院，每天夜晚人来人往，人员很复杂。1930年5月，党组织感到这种环境变化不安全，决定另选台址，从福康里9号迁至公共租界静安寺路（今南京西路）赫德路（今常德路）福德坊1弄32号。1930年10月，在苏联学习无线电的涂作潮等人也回到了上海，中央又在慕尔鸣路安吉里（今茂名北路111弄）11号、泥城桥鸿福里、大连湾路（今大连路）乾信坊、威海卫路（今威海路）、南成都路（今成都北路）、康定路、浦东洋泾镇等地建立了地下电台和无线电收发报机装配车间。

这些电台和报务人员在白区，是插入敌人心脏的一支支利剑。后来，伍云甫、曾三等人受中央派遣携带电台到了各苏区，开展同红军部队的联络通信。在各个苏区，同党中央架起了无线电的通信桥梁。他们虽然没有军事战场那样的壮烈，但是他们的意义和作用一点都不亚于军事战场。

可以说，中国共产党的无线电通信事业一切都始于大西路福康里9号，从无到有、从小到大地发展起来，革命事业也踏上了新的台阶。红色电波横空出世，从此中国共产党有了"千里眼、顺风耳"，对中国革命的发展起到了重要推动作用。无数共产党人用智慧、忠贞、牺牲，让红色电波永不消逝，而且传播得更广、更强，迎来最终胜利。

2011年7月23日，上海市文物管理委员会、中共上海市委党史研究室在此设立"中共中央第一座无线电台"遗址纪念碑。为庆祝中国共产党成立100周年，加强上海红色资源传承保护，按照颁布的《上海市红色资源传承弘扬和保护利用条例》，市委宣传部、市委党史研究室、市文化和旅游局会同相关区，在重要革命遗址旧址设置纪念标识。2021年6月3日，在静安区中共中央第一座无线电台遗址竖立起大理石质纪念碑，在这遗址中发生的党史故事也以黄铜二维码形式贴在纪念碑上，讲述更多红色资源里的故事、故事里的细节、细节里的精神。

▶ 福康里（中共中央第一座无线电台遗址）

涂一涂

暗夜星火中的忠诚与奉献——恒吉里

戈登路恒吉里1141号（今静安区江宁路673弄10号），地属公共租界，这是一幢二层砖木结构的旧式石库门里弄住宅。恒吉里的房屋是典型的中西合璧式石库门建筑，外部整体联排式布局，外墙细部装饰有西洋元素，内部空间充满浓郁的江南传统民居特征。

恒吉里1141号，青瓦屋顶，红色木质窗框，清水灰砖墙面。进门是一个方整的天井，两侧为左右厢房。正对天井的明堂是客堂间，两侧为次间。客堂后依次为灶台间和后天井。客堂间另有楼梯通往二楼，楼梯上去是前楼，有正对天井的朝南落地窗。两侧同楼下布局，均为厢房，木窗朝向天井。楼梯北侧是亭子间，再往西又

恒吉里(中共中央秘书处机关旧址)

有楼梯可上露台，有砖砌镂空栏板。

邓榕在《我的父亲邓小平》一书中曾提到：文书科科长是张唯一，工作人员有张越霞、张纪恩等人。这个科要负责刻蜡版、油印、收发文件、分发文件、药水密写。这些工作都是分头去做的，而且都是非常秘密的。中央的文件和会议记录，一式三份，一份中央保存，一份送苏联的共产国际，一份由特科送到乡下保存。据说乡下的这一部分没有损失，解放后都拿到了。有的机关被破坏了，外国巡捕房搜去文件存了档，解放后我们又从巡捕房找了回来。保存文件是很不容易的。文书科还有一个中央负责同志看文件的地方，文件一到，秘书长总要先去看。这个"看文件的地方"，指的正是戈登路恒吉里1141号。这里，就是如今中共中央秘书处机关（阅文处）旧址。

1926年7月，中共中央秘书处在上海成立。作为中共中央办公厅的前身，中共中央秘书处曾经是为党中央服务最直接、联系各方最广泛、保障中央工作最关键、在各机构运转中最核心的综合办事机构，具有特殊的地位和重要作用。

1927年9月，中共中央机关陆续从武汉迁回上海后，鉴于之前个人携带、保存文电的方式极不安全，且各部委、各地每日呈报中央文件数量大幅上升。在周恩来的建议下，中央秘书处文书科科长张唯一租下戈登路1141号，辟为阅文场所，作为中央领导阅办文电、文件保管和工作联系场所。

张唯一，1892年出生于湖南桃源，青年时期即追求进步，五四运动后曾参与毛泽东领导的驱逐湖南军阀张敬尧的斗争。1927

年"七一五"反革命政变后,国民党反动当局到处捕杀共产党人和革命群众,张唯一却毅然无畏地在武汉加入了中国共产党。1928年初,张唯一来到上海,开始了长期的秘密工作。1928年上半年起,张唯一开始在中共中央秘书处担任文书科科长。当时,中央和各地的来往电报和文件都经张唯一之手处理,很多文件都由他亲自密写。

为了适应残酷的白色恐怖环境,秘书处机关采取"机关家庭化"的做法。张唯一乔装成木器行的老板,与"儿子"于达、"儿媳"张小妹居住在这里。周恩来、王明、项英等中央领导人,经常到此阅批文电或参加中央政治局会议;各部委非急用的文件、电报、书报刊物等,也交由阅文场所集中保管。

随着文件积压越来越多,周恩来颇为担心,认为一旦遭遇搜查,极易暴露。在他的指示下,张唯一将阅文场所保管的文件转移到了自己在法租界的另一处居所。从此,文件阅办与保管场所逐渐分离。

张唯一搬离后,戈登路1141号并未就此结束使命。1931年初,中央秘书处工作人员张纪恩化名"黄寄慈",以其父名义继续租下此处,对外自称"小开",来沪求学居住于此。张纪恩,1925年在浙江省立第一中学学习时参加革命,同年加入中国共产党,曾在上海大学念书兼做学运工作。1928年,正在读书的张纪恩奉命调入中共中央秘书处工作。

张纪恩与妻子张越霞(化名"黄张氏")住楼下,前厢房是夫妇俩的卧室兼书房。即将分娩的"亲戚"中共中央秘书处工作人员苏才(又名苏彩)住前楼,化装成"用人"的中共中央秘书处工作人员仇爱珍（又名周秀清）住亭子间，同时帮助张纪恩、张越霞夫妇照顾出生不久的女儿。楼上厢房作为中央领导阅览文件、起草文件和开会之处。

为防巡捕搜查，房间布置成单人间，生活用具、床铺、皮箱等一应俱全，对外则称登报招租给不相识之人。阅文场所还承担了中共中央秘书处文电收分发、药水密写、刻蜡版、油印等工作，中共六届四中全会的开会内容也是在这里讨论商定的。常到这里的中央领导有向忠发、周恩来、陈绍禹（王明）、项英、秦邦宪（博古）等。楼上其他房客都是通过登报招租来的，租给素不相识的人，以便遭搜查时可以推脱。

1931年4月，中央特科的顾顺章在汉口被捕叛变，周恩来迅速布置中央机关和领导人转移。同年6月21日，中央派人运走了存放在中共中央阅文处楼上厢房的两大木箱文件，及时运往他处。6月22日，时任中共中央政治局常务委员会主席向忠发突遭逮捕叛变。翌日凌晨，一批中西巡捕包围了阅文场所后响起急骤的敲门声，巡捕蜂拥而入，张纪恩夫妇当场被捕。巡捕翻箱倒柜，除搜去共产国际文件、陈绍禹用绿墨水写的一篇手稿各一份外，其他一无所获。

邓颖超在下午4时多，按约定去吃晚饭，到该屋的后门附近，看到在亭子间窗户放的花盆不见了，便没有再前进，立刻转移到另一位同志家里。黄玠然在那天到门口时，仇爱珍在二楼阳台抓了一把泥土丢在他头上，示意此地已出事，要他赶快离开。张纪恩夫妇在狱中以事先编好的口供应付，没有暴露身份。张纪恩以所谓"窝藏赤匪,隐而不报"的罪名被判入狱五年。虽然中共中央阅文处遭到破坏,所幸并未造成重大损失。

从事党的秘书工作最重要的品质是忠诚,曾经担任中共中央秘书长的邓小平说:"忠诚,就是忠实于党的事业,忠实于人民的事业。"从大革命失败至1933年初中共中央迁往革命根据地,前后5年多时间里,在白色恐怖严重的上海,中共中央秘书处在周恩来、邓小平等的亲自领导下,不畏艰险,英勇斗争,涌现了许多可歌可泣的英雄故事。由于秘书处机关的工作性质,这些故事往往不为人知,它们是中国共产党人始终忠实于党的事业、忠实于人民的事业的坚定理想信念的生动体现。

1982年5月下旬,上海市文管委约请到沪的全国工商联秘书长黄玠然寻访当年部分中央机关革命旧址,黄玠然还邀请了张纪恩、郑超麟同访。经过现场踏访,他们最终确定江宁路673弄10号即当年机关所在地。后来江宁路673弄所在的78号地块被列入静安区旧改范围。2010年,78号地块动迁已启动,绝大部分居民搬迁。当时,全国又开展了一次革命遗址普查,上海市委有关领导前来秘书处(阅文处)现场踏勘,认为这栋房子具有很高的历史价值,应当保留。2011年8月,中共中央阅文处旧址被静安区文化局公布为登记不可移动文物,后更名为"中共中央秘书处旧址"。随后,静安区出台了保护利用革命遗址的指导性意见。2017年12月,静安区政府将中共中央秘书处机关(阅文处)旧址公布为区级文物保护单位。2020年10月,中共中央秘书处机关旧址纪念馆筹建工作上报中央。

静安区江宁路673弄2—10号的中共中央秘书处机关旧址史料陈列展建筑面积625.53平方米，主题展共分为三个部分：疾风劲草——发端与建立、暗夜星火——坚守与发展、烈火真金——忠诚与奉献，系统再现了在党中央的领导下，中共中央秘书处在上海所开展的各项工作，体现坚定理想、百折不挠的奋斗精神和立党为公、忠诚为民的奉献精神。

2021年6月10日，在建党100周年前夕，中共中央秘书处旧址史料陈列展开展。史料陈列展由中共中央秘书处机关旧址复原、中共中央秘书处史料陈列展、中共中央在上海（1921—1933）专题展三部分组成。中共中央秘书处机关旧址修建短视频展示自1982年以来，对旧址建筑的寻访、确认、保护修缮以及本次建设的全过程，并通过全景式的复原，生动鲜活地展现了1927年至1931年中共中央秘书处在此开展秘密工作的场景。中共中央秘书处史料陈列展使用影像还原的技术，结合历史资料和精心摄制的专题短片，直观展示中共中央秘书处的机构沿革及其工作。中共中央在上海（1921—1933）专题展以时间轴为基线，分为"日出东方""革命狂飙""荆棘前行"三部分，利用先进的多媒体技术，从宏观的视角展示中共中央在上海的战斗、工作历程。

▶ 恒吉里（中共中央秘书处机关旧址）

涂一涂

用生命守护党的"一号机密"
——合兴坊

西康路、康定路交叉口的东北角（原小沙渡路合兴坊15号），曾经有一幢两层楼房，1935年至1936年，中共中央文库就设置于此，这里收藏保管了党从诞生之日起至1933年迁往苏区前的2万余份重要文书档案，又被称为党的"一号机密"。

1927年，蒋介石、汪精卫分别在上海、武汉发动了反革命政变，屠杀共产党人和爱国进步人士。中共中央机关被迫从武汉迁往上海，转入地下。为了适应地下斗争的环境，党中央成立了秘密工作委员会，并下设文件保管处，中央文库就此建立。1930年4月19日，中共中央在《关于秘密工作给中央各部委的信》中规定，由于环境恶劣，各部委不宜保存文件，凡"不需要的文件，必须随时送至保管处保存"。同年秋，文件保管处撤销，筹建阅文处。时任中共中央军事委员会主席兼中共中央秘密工作委员会负责人的周恩来，直接领导着中央文库的工作。

1931年初，因积累的文件资料已很多，周恩来提出区别不同情况整理、保存文件的意见，并委托瞿秋白起草一个条例。瞿秋白欣然从命，起草了《文件处置办法》。除了将文件分成四大类，即中央文件、地方文件、苏区文件、红军文件，还对如何进行分类、整理、编目、保存作出规定，并在最后加上一个"总注"："如可能，当然最理想的是每种两份，一份存阅（备调阅，即归还），一份入库，备交将来（我们天下）之党史委员会。"周恩来在《文件处置办法》上作了批示："试办下，看可否便当。"这也是中国共产党历史上最早的关于管理档案、文件的条例。

"中央文库"首任负责人、中央秘书处文书科科长张唯一，在反动统治的白色恐怖下，恪守机密，不畏辛劳，一年多时间都是午夜起床工作到天亮。他把从武汉运来的40多捆、2万多份档案细致整理归类，分项编目，装入24个木箱保存。后来考虑到张唯一工作繁重，中央决定选调原满洲省委书记陈为人与妻子韩慧英来上海，接任"中央文库"工作。

陈为人是中国社会主义青年团第一批团员，1920年底，被派往苏俄莫斯科东方劳动大学学习。1921年，转为中国共产党党员。年底，从莫斯科回国，任中共北方职工运动委员会书记。先后在济南、东北开展建党建团工作。1928年秋任中共满洲委员会书记。

合兴坊（中共中央文库旧址）

1929年8月，陈为人调往上海从事秘密工作，1931年春被捕，经党组织营救出狱。

夫妇俩都是党员，地下斗争经验丰富。由于文库保管着建党以来中央大批珍贵档案文件，一旦落入敌手，很可能带来致命危害。夫妇俩在接受任务时即向党组织保证："定以生命守护，万一到了最危急时刻，宁可放火烧楼，与档案俱焚，也不让机密落入敌人手中。"他们立下了以生命守护文件的誓言。二人在法租界霞飞路租住一幢小楼，将所有档案都秘藏在楼顶的亭子间，平日深居简出，尽量减少对外接触，以免引起敌人注意。按照中央要求，陈为人不再参加党的任何会议及社会活动，与外界彻底隔绝，仅靠他的妻子韩慧英与张唯一单线联系。

1933年中共临时中央政治局迁往瑞金，大批文件和资料留在上海。因上海局势日益险恶，陈为人夫妇多次携库搬家，以确保绝对安全。当时，中央文库文件多达20余箱，十分不利于保管和转移，为避人耳目，陈为人夫妇白天假扮富商，阔气、悠闲，夜晚则通宵达旦地整理文件。夫妇俩在整理档案时发现，虽已分类、编目，但尚有大量纸页、文字需压缩、精编。经请示上级同意，他俩把档案一份一份拿出来，将纸厚的、字少的、字大的都用小字抄在薄纸上，把空白纸边剪掉，最大限度缩小体积。鉴于所有文件混杂装箱，极难查阅，他们又按照瞿秋白起草的《文件处置办法》和中央秘书处文件编目规定，编制文库目录，将其分条缕析、有序分类。经7个多月夜以继日的努力，终于将24箱档案压缩在6个皮包内。

1935年2月19日晚，上海党的多个重要机关突遭破坏，张唯一被捕，韩慧英与联络人接头时被捕。陈为人遵循党的秘密工作条例，为了确保文件的安全，立即转移"中央文库"。他以木材行老板的身份，以每月30银圆的高价，租下了小沙渡路合兴坊15号的两层楼房，文库被安全转移至此。他不辞劳苦，全身心投入工作。虽然一度与党组织中断联系，但独自带病担负起保卫中央文库的重任。

韩慧英被捕入狱后，陈为人彻底失去了与党组织的联系。为防被叛徒或特务认出，他白天无法外出工作。与党组织断了联系的陈为人既要支付高昂的房租，还要抚养3个嗷嗷待哺的幼儿，陷入生存困境。为凑钱按时交房租，他和妻妹忍饥挨饿，把二楼家具、能卖的衣服都变卖一空，但仍要尽力维持底楼撑门面的摆设不变，以免邻居怀疑。孩子们没有冬衣，只好用包文件的边角碎布拼凑而成，一家五口一天只吃两顿山芋薄粥。孩子们每每叫嚷吃不饱，陈为人就难过地劝慰他们："我们是吃点心，点心、点心，就是点点心的，不要吃饱的。"

由于长期劳累、营养不良，又缺乏医疗条件，曾受酷刑拷打致肺部严重受伤的陈为人病情加重。他在没有收入来源、身患疾病的艰难困苦中，矢志不渝地守护着党的"一号机密"。1935年底，韩慧英获释出狱，辗转找到陈为人，并通过在培明女中附小教书的机会，于1936年4月再次与党组织取得联系。看到陈为人身体极度羸弱，组织上不忍他再操劳，决定将文库转交中央特科徐强负责。6月14日，陈为人抱病写下《开箱必读》，作为誓死护卫文库的最后嘱托。他在顺利将中央文库大量党的机密档案和珍贵历史文献移交后不久，身体很快支撑不住，大量鲜血从口鼻不断喷出，终至昏倒。1937年3月13日晚，陈为人因劳累过度病逝，时年38岁，为护卫"中央文库"献出了自己的生命。

此后，中央文库保管的2万余件珍贵档案文献几经转移，管理也数易其人，经徐强、李云、刘钊、缪谷稔、郑文道等浴血接力护卫。上海解放初，由陈来生将全部文件共104包（16箱）15000余件文件，完整地交给上海市委，后移送中央档案馆保存。

中央文库保管的是党从诞生起直至1933年党中央撤离上海期间的重要文书档案，这些珍贵的文档涵盖了中国共产党成立最初阶段开展政治、军事、工、农、团、妇等所有领域内斗争的原始档案，共计2万多份。几乎囊括了中共早期的所有重要文件，是中国共产党第一座中央级秘密档案库，堪称中共早期记忆的"一号机密"。这些档案记录着一部中共建党史、一部人民军队壮大史、一部领袖人物史，在党史上的意义是不言而喻的。

其中，有党中央各届、各种会议记录、决议案；有党中央给各地的指示及各地党组织给中央的报告；有共产国际给中共的指示；有中央给各地（级）在党务、组织、工运、农运、兵运、妇运等各方面的文件和档案；有党报、党刊；有共青团中央及各地（级）文件；有苏区和红军军事文件；有毛泽东、周恩来的手稿；还有瞿秋白、彭湃、恽代英、罗亦农、苏兆征等革命先烈的遗墨、遗嘱和照片等物。

新中国成立后，中共中央文库因市政建设拆除，盖起了高楼大厦。为庆祝中国共产党成立100周年，加强上海红色资源传承保护，按照颁布的《上海市红色资源传承弘扬和保护利用条例》，市委宣传部、市委党史研究室、市文化和旅游局会同相关区，在重要革命遗址旧址设置纪念标识。2021年6月3日，在静安区中共中央文库遗址竖立起大理石质纪念碑，在这遗址中发生的党史故事也以黄铜二维码形式贴在纪念碑上，讲述更多红色资源里的故事、故事里的细节、细节里的精神。

▶ 合兴坊（中共中央文库旧址）

涂一涂

上海红色经典步道

上海红色经典步道（黄浦段）

以一大会址周边 13 条市政道路为纽带的上海首条"红色经典步道"以中共一大会址为起点，可以漫步到中国共产党发起组成立地（新青年编辑部旧址）、又新印刷所旧址等 14 个红色景点。

上海红色经典步道以"历史的沉淀"和"未来的奋进"为主基调，设计长度 7.1 公里，呈"大环+小环"形态。涉及的 13 条市政道路，将中共一大会址周边的 14 处红色遗迹遗址串珠成链、编织成网，引导全国各地的游客在石库门里弄中探寻党的诞生历程。

上海市黄浦区内的中共一大会址周边，集中散落了多个与党的创建密切相关的重要革命遗址的红色石库门建筑，完整记录了中国共产党初创时期理论准备、组织准备和干部准备的全过程以及党的正式成立和完成组织创建的全过程。

上海石库门作为城市历史文化的空间载体之一，是历史的讲述者和旁观者，承载着独特的人文记忆。中共一大会址所在的树德里、中国共产党发起组成立地所在的老渔阳里 2 号、团中央机关旧址所

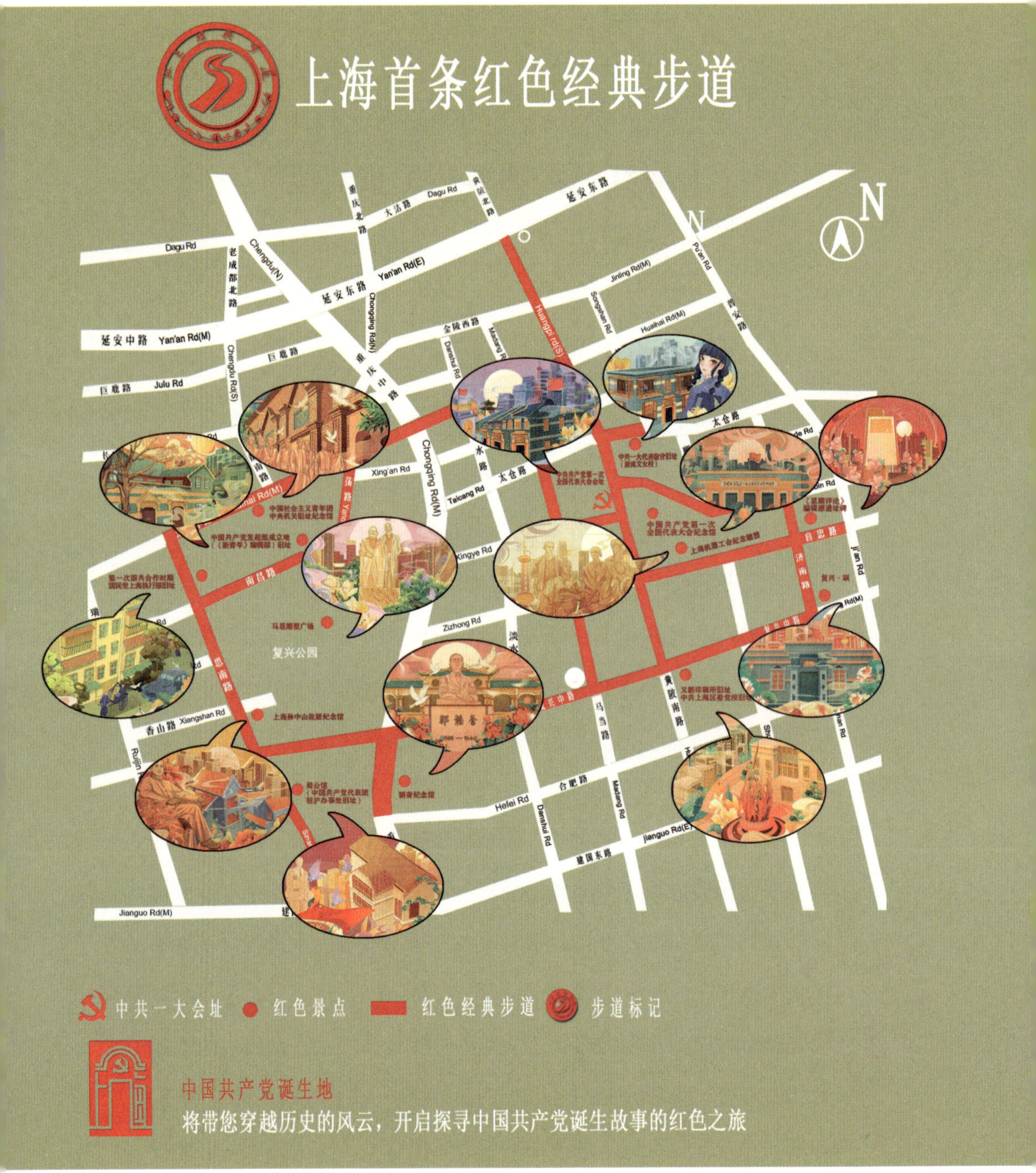
上海首条红色经典步道
延安东路
Yan'an Rd(E)
延安中路 Yan'an Rd(M)
Huangpi rd(S)
Chongqing Rd(M)
复兴公园
中共一大会址
红色景点
红色经典步道
步道标记
中国共产党诞生地
将带您穿越历史的风云，开启探寻中国共产党诞生故事的红色之旅

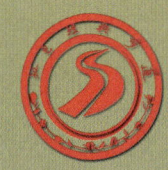

在的新渔阳里 6 号、诞生《共产党宣言》首部中文全译本又新印刷所所在地成裕里等，历经峥嵘岁月、见证时代变迁，它们都成为红色经典步道的一部分。上海红色经典步道将市政道路与红色旅游线路一体化打造，形成了一条历史、文化与周边环境相互交融的街道，更是一座浑然天成的"红色露天博物馆"。

红色经典步道涵盖 13 条步行道

序号	道路
1	兴业路
2	马当路
3	黄陂南路
4	南昌路
5	复兴中路
6	淮海中路
7	思南路
8	雁荡路
9	重庆南路
10	太仓路
11	湖滨路
12	自忠路
13	济南路

红色经典步道串起 14 处景点

序号	景点
1	中国共产党第一次全国代表大会会址
2	中国共产党第一次全国代表大会纪念馆
3	又新印刷所旧址
4	中共一大代表宿舍旧址（原博文女校）
5	上海机器工会纪念雕塑
6	星期评论编辑部遗址碑
7	中国社会主义青年团中央机关旧址纪念馆
8	中国共产党发起组成立地（新青年编辑部）旧址
9	第一次国共合作时期国民党上海执行部旧址
10	马恩雕像广场
11	上海孙中山故居纪念馆
12	周公馆（中国共产党代表团驻沪办事处旧址）
13	韬奋纪念馆
14	复兴·颂

上海红色经典步道（静安段）

上海是中国共产党的诞生地，静安是中国共产党早期活动的核心区域，是马克思主义传播地、革命领袖足迹地、中共中央早期机关聚集地、首部党章诞生地、群众运动策源地、党的统一战线政策提出地。

中共二大会址纪念馆位于上海市静安区老成都北路7弄30号（原南成都路辅德里625号）。1922年7月16日至23日，这里召开了中国共产党历史上一次十分重要的会议——中国共产党第二次代表大会。中共二大创造了党史上多个第一：第一次提出了反帝反封建的民主革命纲领，第一次提出党的统一战线思想，第一次公开发表了《中国共产党宣言》，制定了第一部《中国共产党章程》，第一次比较完整地对工人运动、妇女运动和青少年运动提出了要求，第一次决定加入共产国际，第一次提出了"中国共产党万岁"的口号……它与党的一大共同完成了党的创建任务。

2022年是中共二大召开和首部党章通过100周年，为纪念这一具有特殊历史意义的日子，上海市交通委、原市道运局与静安区

通力合作，汇集静安交通、宣传、文旅、党史、绿化等多个专业力量，精心遴选中共二大会址周边13条市政道路，以道路为载体串联起中共二大会址纪念馆、八路军驻沪办事处旧址、1920年毛泽东寓所旧址等17处红色及爱国主义景点，悉心打造了总长约8公里的静安红色经典步道，化"零散展示"到"整体展览"，打造"无边界博物馆"，铸就静安红色品牌。该步道以中共二大会址纪念馆作为起点，按照两岸三线（两岸：苏州河两岸；三线：西线、北线、东线）构建了三条步道游线。其中，西线作为核心线路先行建设，西线以二大为起点，串联6条、长约2.9公里的市政道路，以此呼应中国共产党首部党章的"六章、29条"内容。

涵盖13条市政道路

序号	路线	名称
1	西线	延安中路
2		铜仁路
3		安义路
4		常德路
5		愚园路
6	北线	茂名北路
7		石门一路
8		石门二路
9		山海关路
10		大田路
11	东线	光复路
12		北苏州路
13		浙江北路

涉及 3 座人行天桥

序号	名称
1	延安路—成都路天桥
2	延安路—石门一路天桥
3	延安路—陕西北路天桥

串联 17 处红色及爱国主义景点

序号	景点
1	中共二大会址纪念馆（平民女校旧址）
2	八路军驻沪办事处（兼新四军驻沪办事处）旧址
3	上海毛泽东旧居陈列馆
4	1920 年毛泽东寓所旧址
5	中共上海地下组织斗争史陈列馆暨刘长胜故居
6	中国社会主义青年团中央机关遗址
7	中共中央秘书处机关遗址（西康路、青海路）
8	中共中央与共产国际代表联络点遗址
9	中共中央政治局联络点遗址
10	全国苏维埃代表大会中央准备委员会全体会议（第五次全国劳动大会）遗址
11	中共中央组织部遗址
12	中共淞浦特委机关旧址陈列馆
13	中国劳动组合书记部旧址陈列馆
14	中共中央军委机关旧址纪念馆
15	上海四行仓库抗战纪念馆
16	中共三大后中央局机关历史纪念馆
17	上海总商会旧址

后 记

以我共筑，红色征途；百年宏图，再次起航。讲述百年党史故事，宣誓言、恪初心，重温红色伟业，发扬红色传统，让红色基因代代相传。

上海是中国共产党初心始发地、党的诞生地、伟大建党精神的孕育地。我们党从这里诞生，从这里出征，从这里走向全国执政。

《破茧：石库门里的红色故事》旨在通过文字故事、视频、著名海派书画家戴敦邦名家作品、国潮彩绘、艺术填色等各种多元化的方式，以石库门为切入点，展现上海这座城市作为红色发源地的独特风貌，见证了中国共产党的建党图景，也见证了百年前革命者忠于信仰、不屈不挠的奋斗精神。

为学习贯彻落实党的二十大精神，深入配合党史学习教育的开展，融媒体绘本《破茧：石库门里的红色故事》在创作过程中，获得人民日报出版社大力支持，在各位专家和机构的指导下，历经3年多的筹备规划和反复研讨与打磨，终于编著面世。本书在上海市中共党史学会、上海市中共党史学会渔阳里研究专委会、上海黄浦区政协文化文史和学习委员会指导下创作，党史专家丁晓强教授、俞敏老师等作为顾问就相关专题内容进行指导，中共上海市黄浦区委宣传部、中共上海市静安区委宣传部、中共一大纪念馆、中共二大纪念馆、中共四大纪念馆等单位对本书给予大力支持，上海市社会科学界联合会授权本书使用《为什么是上海》系列视频。另外，我们还邀请到著名海派书画家戴敦邦、戴红倩、戴红傑父子，以及书画家洪永发老师为融媒体读本创作红色石库门书画作品，邀请国潮艺术新锐"考拉"工作室原创红色经典步道红色石库门彩绘与填色绘稿。谨代表全体编委会成员向在编著、拍摄、制作过程中给予我们大力支持的各位专家、学者、机构致以最高的敬意和感谢！也恳请并欢迎各界专家、学者和广大读者提出宝贵意见。

融媒体绘本《破茧：石库门里的红色故事》凝结了党史专家、学者、红色文化传播者及编委会全体成员的心血，表达了对革命前辈的崇敬心情。让红色文化走近时代新人，走近年青一代，赓续上海的红色基因，领悟其蕴含的时代光芒与价值，让伟大精神照亮现实、以光荣传统激励前行。我们将多媒体技术融入传统读本，除了记叙性文本阅读的传统方式，读者还可以"扫码"观看《为什么是上海》系列视频，深度体验融媒体绘本的独特互动性。此外，读者还将收获沉浸式"云游"上海红色地标的别致阅读体验。期待这些

后 记

创新与探索,能丰富年青一代读者们阅读的多元感受。

在庆祝中国共产党成立100周年大会上,习近平总书记发表重要讲话,精辟概括了伟大建党精神。习近平总书记指出:"一百年前,中国共产党的先驱们创建了中国共产党,形成了坚持真理、坚守理想,践行初心、担当使命,不怕牺牲、英勇斗争,对党忠诚、不负人民的伟大建党精神,这是中国共产党的精神之源。"就具体的产生地而言,上海红色石库门可以被称为党的初心破茧之地、建党精神始发之地。习近平总书记在浦东开发开放30周年庆祝大会上的重要讲话中指出:"上海是一座光荣的城市,是一个不断见证奇迹的地方。"

石库门是光荣之城的基石!

江河千里,必有其源。我们党在上海燃起红色初心的火焰,从此开启伟大革命征程。让我们缅怀石库门浴血荣光,发扬传承传统,深入学习贯彻落实党的二十大精神,牢记殷切嘱托,深刻把握用好红色资源、传承好红色基因,赓续红色血脉,牢记初心使命,奋进新征程,共进新时代!